中等职业教育规划教材

CHEMICAL EQUIPMENT

化工设备

张松斌 编

化学工业出版社
·北京·

《化工设备》根据中等职业教育的人才培养目标,根据中级工教育特点,围绕职业能力培养的教学需要,以专业教学的针对性、实用性和先进性为指导思想,以实际应用和工作任务为主线构建教材知识结构。以化工装置中的静设备为研究对象,选择了比较有代表性的化工储运容器、换热设备、塔设备、釜式反应器、化工管路系统等典型设备、设施进行介绍,旨在使学生通过本课程的学习,掌握其维护与检修的基础知识和基本技能。

本书适用于中等职业学校、技工学校化工专业教材,也可作为化工企业职工培训材料和化工设备维护操作人员自学材料。

图书在版编目(CIP)数据

化工设备/张松斌编. —北京:化学工业出版社,2017.8(2024.11重印)

中等职业教育规划教材

ISBN 978-7-122-30028-7

Ⅰ.①化… Ⅱ.①张… Ⅲ.①化工设备-中等专业学校-教材 Ⅳ.①TQ05

中国版本图书馆 CIP 数据核字(2017)第 144938 号

责任编辑:郭建永 杨 菁 闫 敏　　　　文字编辑:林 丹
责任校对:王 静　　　　　　　　　　　　装帧设计:张 辉

出版发行:化学工业出版社(北京市东城区青年湖南街13号 邮政编码100011)
印　　装:北京建宏印刷有限公司
710mm×1000mm 1/16 印张8 字数143千字 2024年11月北京第1版第6次印刷

购书咨询:010-64518888　　　　　　　售后服务:010-64518899
网　　址:http://www.cip.com.cn
凡购买本书,如有缺损质量问题,本社销售中心负责调换。

定　价:26.00元　　　　　　　　　　　　　　　　　版权所有　违者必究

序

近几年，随着中等职业教育的快速发展，对中等职业教育教学模式探索与思考不断深入，专业课程项目化在职业教育改革领域受到了普遍关注，成为当前职业教育改革研究的点问题之一。课程项目化立足职业岗位要求，把现实职业领域的工作任务和工作过程作为课程的核心，通过提炼和分析，将典型工作任务和工作过程融入项目作为课程的主体内容，并与国家相关的职业资格标准要求相衔接，引导学生在完成工作任务的过程中主动建构理论知识和实践技能，从而有利于培养和提升学生的职业能力。

《化工设备》是根据教育部颁发的中等职业学校化工类专业教学指导方案，结合中等职业学校化工类专业课程改革，并参照化工行业相关技能鉴定标准而编写的；体现以就业为导向、以能力为本位、以岗位需要和职业标准为依据；不仅适应科学技术进步和社会经济发展，而且满足学生职业生涯发展的需求。与传统教材相比，本书具有以下特点。

在整体设计上，摈弃了学科本位的学术理论中心设计，采用了社会本位的岗位工作任务流程中心设计，保证了教材的职业性。

在内容编排上，以对行业、企业、岗位的调研为基础，以对职业岗位群的责任、任务、工作流程分析为依据，以实际操作的工作任务为载体组织内容，增加了社会需要的新工艺、新技术、新规范、新理念，保证了教材的实用性。

在教学实施上，以学生的能力发展为本位，以实训条件和网络课程资源为手段，融教、学、做为一体，实现了基础理论、职业素质、操作能力同步，保证了教材的有效性。

在课堂评价上，着重过程性评价，弱化终结性评价，把评价作为提升再学习效能的反馈工具，保证了教材的科学性。

目前，本书经过校内应用已收到了满意的教学效果，并已应用到企业员工培训工作中，受到了企业工程技术人员的高度评价。

《化工设备》精品课程教材的出版,既是对我校几年来教育教学改革成果的一次总结,也希望能够对兄弟院校的教学改革和行业企业的员工培训有所助益。

感谢长期以来关心和支持我校教育教学改革的各位专家与同仁,感谢南通市职教化工名师工作室的辛勤工作,感谢出版社的大力支持。欢迎大家对我们的教学改革和本书提出宝贵意见,以便持续改进。

江苏省如东中等专业学校　校长　余飞

前 言

《化工设备》是根据中等职业教育人才培养目标,以化工设备维护中级工岗位技能标准为依据,以专业教学的针对性、实用性和先进性为指导思想编写的,充分体现工学结合的教学理念。

《化工设备》属于中职化工类专业基于工作任务项目化教材,以化工装置中的静设备为研究对象,选择了比较有代表性的化工储运容器、换热设备、塔设备、釜式反应器、化工管路系统五大类设备、设施进行介绍。

本书以项目为单元,设定五个项目,以工作过程为主线,设定六个任务,按任务负载课程知识,整合教学内容,每个任务按任务导入、任务实施、基础知识、基本技能进行编排,真正融"教、学、做"为一体,有以下五个特点。

① 针对性强。针对化工设备维修技术专业学生毕业后的就业岗位,分析岗位蕴含的知识点、技能点,以岗位需求为基础来确定主体内容。

② 服务性好。可直接指导教学的进行,定出框架、给出范例,同时为教师和学生预留足够的空间去发挥,形成个性化教与学;也可作为化工企业职工培训材料和化工操作人员自学材料。

③ 趣味性足。尽量以图片来表达知识点,部分图片还取材于生产实际,直观、形象,无论是设备照片还是维修场景都是学生感兴趣的,避免老式教材枯燥的文字叙述;同时以提出问题的方式引导学生加深对知识的理解与拓展。

④ 深度适中。去除浅显的、非常容易获得的知识,放弃那些虽然属于本岗位的工作,但需要依靠经验来完成的内容,针对岗位基本的要求,以"简明扼要、通俗易懂"为原则,体现实用和够用的中职教学理念。

⑤ 方便教学。符合基于工作任务的项目化教学理论要求,方便采用,按资讯、计划、决策、实施、检查、评价六个步骤开展教学。

本书是作者在长期从事中职《化工设备》课程教学的基础上,经过多年中等职业教育课程改革教学研究工作的积累编写而成的。为便于教学,每个项目都有项目说明，内容包括项目概况和项目实施计划，每个项目至少设定一个工作任务，并对完成任务的细节作了详细说明，包括知识准备和技能准备等。

本书由江苏省如东中等专业学校张松斌编写。在编写过程中得到了江苏九九久科技股份有限公司、南通香地生物有限公司、南通功成精细化工有限公司、如东振丰奕洋化工有限公司、南通光荣化工有限公司等企业相关技术人员的帮助，在此一并表示衷心的感谢。

由于水平有限，书中难免存在疏漏，敬请读者批评指正。

编者

目 录

课程导入 /1

一、化工设备在化工生产中的
重要地位 ………… 1
二、化工设备工业的发展 …… 1
三、化工设备的基本要求 ……… 2
四、课程任务 …………………… 3
五、教法学法 …………………… 3

项目一 化工储运容器及附件的拆卸与安装 /5

【核心概念】………………………… 5
【学习目标】………………………… 5
【项目说明】………………………… 5
任务 储罐及安全附件的拆卸与安装 …… 6
【任务导入】………………………… 6
【任务实施】………………………… 7
【基础知识】………………………… 7
　知识点一、化工储运容器的定义及
　　分类 ………………………… 7
　　一、化工储运容器的定义 …… 7
　　二、化工储运容器的分类 …… 8
　知识点二、典型的化工储运容器——
　　储罐 ………………………… 9
　　一、储罐 ……………………… 9
　　二、储罐与化工生产 ………… 10
【基本技能】………………………… 13
　技能点一、储罐的构造原理 …… 13
　　一、储罐的基本构成 ………… 13
　　二、储罐各组件的构造特点 … 14
　技能点二、化工储运容器的安装与
　　维护基本要求 ……………… 22
　　一、化工储运容器安装与维护规
　　　范简介 …………………… 22
　　二、储罐维护检修注意事项 … 23
【思考与练习】……………………… 24

项目二 换热设备的拆卸与安装 /25

【核心概念】………………………… 25
【学习目标】………………………… 25
【项目说明】………………………… 25
任务 管壳式换热器的拆卸与安装 …… 26
【任务导入】………………………… 26
【任务实施】………………………… 27
【基础知识】………………………… 27
　知识点一、换热设备的定义及分类 … 27

一、换热器定义 …………… 27
　　二、换热器的分类 ………… 28
　知识点二、换热器工作原理 …… 33
　知识点三、换热器开发与应用 … 34
　知识点四、管壳式换热器应用
　　　　　　举例 ………………… 34
【基本技能】 ……………………… 36
　技能点一、管壳式换热器的构造
　　　　　　原理 ………………… 36
　技能点二、常见管壳式换热器的
　　　　　　构造特点 …………… 37

　　一、固定管板式换热器 ……… 37
　　二、浮头式换热器 …………… 37
　　三、U形管式换热器 ………… 38
　　四、填料函式换热器 ………… 38
　技能点三、管壳式换热器的拆装
　　　　　　规范简介 …………… 39
　　一、管壳式换热器安装规范
　　　　简介 ………………………… 39
　　二、管壳式换热器维护规范 … 39
【思考与练习】 …………………… 39

项目三　塔设备的拆卸与安装 / 40

【核心概念】 ……………………… 40
【学习目标】 ……………………… 40
【项目说明】 ……………………… 40
任务一　板式塔塔盘的拆卸与安装 … 41
【任务导入】 ……………………… 41
【任务实施】 ……………………… 42
【基础知识】 ……………………… 42
　知识点一、板式塔的定义及分类 … 42
　　一、板式塔的定义 …………… 42
　　二、板式塔的分类 …………… 43
　知识点二、板式塔的工作原理 … 46
　知识点三、板式塔的开发与应用 … 47
　知识点四、板式塔的工业应用举例——
　　　　　　多级精馏 …………… 47
【基本技能】 ……………………… 48
　技能点一、板式塔的构造原理 … 48
　　一、塔体 ……………………… 48
　　二、塔盘 ……………………… 48
　　三、支座 ……………………… 49
　　四、塔附件 …………………… 50
　技能点二、常见的板式塔 ……… 50
　　一、泡罩塔 …………………… 50
　　二、筛板塔 …………………… 51

　　三、浮阀塔 …………………… 52
　技能点三、塔设备的拆装规范简介 … 53
　　一、塔体安装规范 …………… 53
　　二、塔体维护规范 …………… 54
【思考与练习】 …………………… 54
任务二　填料塔的拆卸与安装 …… 54
【任务导入】 ……………………… 54
【任务实施】 ……………………… 56
【基础知识】 ……………………… 56
　知识点一、填料塔的定义及发展
　　　　　　历史 ………………… 56
　　一、填料塔的定义 …………… 56
　　二、填料塔的发展历史 ……… 56
　知识点二、填料塔的工作原理 … 57
【基本技能】 ……………………… 58
　技能点一、填料塔的构造原理 … 58
　　一、塔体 ……………………… 59
　　二、塔内件 …………………… 59
　　三、支座 ……………………… 59
　　四、附件 ……………………… 59
　技能点二、填料塔的主要塔内件 … 59
　　一、填料 ……………………… 59
　　二、液体喷淋装置 …………… 66

三、液体再分布器 …………… 69
四、填料压紧和限位装置 ………… 70
五、填料支承装置 ……………… 70
【思考与练习】 ………………… 72

项目四　釜式反应器的拆卸与安装　/ 73

【核心概念】 …………………… 73
【学习目标】 …………………… 73
【项目说明】 …………………… 73
任务　釜式反应器搅拌装置、釜体的拆卸与安装 …………………… 74
【任务导入】 …………………… 74
【任务实施】 …………………… 75
【基础知识】 …………………… 75
知识点一、化工反应设备的定义及分类 ………………………… 75
一、化工反应设备定义 ………… 75
二、反应设备的类型 …………… 76
知识点二、釜式反应器的概念 …… 76
一、釜式反应器定义 …………… 76
二、釜式反应器的特点 ………… 77
三、釜式反应器的工作原理 …… 77
四、釜式反应器的操作方式 …… 78

知识点三、釜式反应器的开发与应用 …………………………… 78
【基本技能】 …………………… 81
技能点一、搅拌釜式反应器的构造原理 ………………………… 81
一、釜体 ………………………… 81
二、搅拌装置 …………………… 82
三、换热装置 …………………… 86
四、轴封 ………………………… 87
技能点二、釜式反应器的拆装基本要求 …………………………… 90
一、釜类设备安装与维护规范简介 ……………………………… 90
二、釜类设备安装及维护注意事项 ……………………………… 91
【思考与练习】 ………………… 92

项目五　化工管路的安装与维护　/ 93

【核心概念】 …………………… 93
【学习目标】 …………………… 93
【项目说明】 …………………… 93
任务　化工管路的拆卸与安装 …… 94
【任务导入】 …………………… 94
【任务实施】 …………………… 95
【基础知识】 …………………… 96
知识点一、化工管路的定义及分类 … 96
一、化工管路的定义 …………… 96
二、化工管路的分类 …………… 96
知识点二、管子基本知识 ………… 97
一、金属管 ……………………… 97

二、非金属管 …………………… 99
知识点三、管件基本知识 ………… 101
一、弯头 ………………………… 101
二、三通（四通） ……………… 101
三、短管和异径管 ……………… 102
知识点四、管法兰与盲板基本知识 … 102
知识点五、阀门基本知识 ………… 104
一、截止阀 ……………………… 104
二、闸阀 ………………………… 105
三、球阀 ………………………… 105
四、安全阀 ……………………… 106
五、其他阀门 …………………… 107

知识点六、常见的工业管道标识
规范及颜色 …………… 110
一、基本识别色 …………… 110
二、识别符号 …………… 111
三、安全标识 …………… 112
【基本技能】 …………… 112
技能点一、化工管路的连接 …… 112
一、定义 …………… 112
二、化工管路的布置原则 ……… 112

三、化工管路的连接方法 ……… 113
技能点二、化工管路的热补偿 …… 114
一、凸面式补偿器 …………… 115
二、回折管式补偿器 …………… 115
技能点三、化工管路安装与维护
规范简介 …………… 116
一、化工管路安装规范 ………… 116
二、化工管路维护规范 ………… 116
【思考与练习】 ……………………… 116

参考文献 / 117

课程导入

化工设备是指化工生产中静止的或配有少量传动机构组成的装置，主要用于完成传热、传质和化学反应等过程，或用于储存物料。化工设备按结构特征和用途分为容器、塔器、换热器、反应器（包括各种反应釜、固定床或液态化床）和管式炉等。

一、化工设备在化工生产中的重要地位

化学工业在国民经济中占有重要地位，它与农业、工业、国防以及人民的衣食住行都有极为密切的关系。

化工生产是在一定条件下使原料发生一系列的化学变化和物理变化，进而得到所需产品的生产过程。也可以说是将原料经过各种化工单元操作过程后得到相应的化工产品。而要实现这些化工过程的单元操作过程必须借助化工设备，否则，任何化工生产过程都将无法实现。

例如，加工原油需要与原油加工工艺相配套的精馏塔、换热器、化工储运容器等，如图 0-1 所示。因此化工设备是为化工工艺服务的，是实现化工生产的工具和手段。

二、化工设备工业的发展

20 世纪 50 年代末，我国已经能够生产压力为 32.4MPa 的多层包扎式高压容器。20 世纪 60 年代，国内化工生产逐步实现了设备大型化。20 世纪 80 年代，我国氨碱厂的设备已经处于国际先进水平，可生产石墨换热器、氟塑料酸冷却器、硝酸吸收塔、$30m^3$ 聚合釜、年产 60 万吨合成氨、80 万吨尿素联合装置等化工设备。20 世纪 90 年代，化工设备发展已具备向世界先进水平挑战的能力。21 世纪，随着科学技术的进步，化工设备不仅向标准化、节能化、大型化发展，而且还向精细化、信息化、机电一体化发展。化工设备的发展，为化工工艺开发奠定了基础。展望未来，化工设备必将以适应现代化学工艺生产的需要而飞速发展。

图 0-1 原油加工企业设备实景照片

三、化工设备的基本要求

化工生产具有生产过程复杂，工艺条件苛刻，介质易燃、易爆、有毒、腐蚀性强，生产装置大型化及生产过程连续性、自动化程度高等特点。因此要求化工设备既能满足化工工艺的要求，又能安全可靠地运行，同时还应经济合理。

（一）满足工艺要求

化工设备的许多结构尺寸都是由工艺计算决定的，工艺人员通过工艺计算确定容器的直径、容积等尺寸并提出压力、温度、介质特性等生产条件。机械制造人员所提供的设备在结构形式和性能特点方面应能在指定的生产条件下完成指定的生产任务。所以化工设备首先应满足化工工艺的要求。

（二）安全可靠运行

化工设备按受力情况分为外压设备（包括真空设备）和内压设备，内压设备又分为常压设备（操作压力小于 $1\text{kgf}/\text{cm}^2$ ❶）、低压设备（操作压力在 $1\sim16\text{kgf}/\text{cm}^2$

---

❶ $1\text{kgf}/\text{cm}^2 = 98.0665\text{kPa}$。

之间)、中压设备(操作压力在 16~100kgf/cm² 之间)、高压设备(操作压力在 100~1000kgf/cm² 之间)和超高压设备(操作压力大于 1000kgf/cm²)。

国内外生产实践表明,化工设备发生的事故相当频繁,而且事故的危害性极大,尤其是对环境的破坏。为了保证其安全运行,防止事故发生,世界各国都先后成立了专门的研究机构,从事专门的研究工作并指定了相关的技术规范。因此,保证化工设备安全可靠运行,具体体现在强度、刚度(稳定性)、密封性、耐久性及耐腐蚀性等多个方面。

(三) 经济合理性要求

化工设备在满足工艺要求和保证安全可靠运行的前提下,应尽量做到经济合理,从选材、设计、制造、安装等方面减少费用。化工设备有金属设备(材料为碳钢、合金钢、铸铁、铝、铜等)、非金属设备(材料为陶瓷、玻璃、塑料、木材等)和非金属材料衬里设备(衬橡胶、塑料、耐火材料及搪瓷等),其中碳钢设备最为常用。因此,不仅要降低设备本身的成本,还要考虑操作、维护、修理费用,能源及动力的消耗等。

四、课程任务

《化工设备》是根据中职化工设备维修技术专业教学计划、配合专业课程体系架构而编写的,旨在使学生通过本课程的学习和技能训练,获得典型化工设备安装维护的技能和基本知识。《化工设备》的主要内容有化工储运容器、换热设备、塔设备、反应设备和与这些设备安装与维护相关的化工管路系统。

通过该课程的学习,培养高素质技能型专门人才,使其具有良好的职业道德素养和熟练的职业岗位技能。具备设备管理的基本知识,熟悉石油、化工企业相关设备检修的操作规程、安全规程及相关检修标准;掌握相关设备的类型、特点、工作原理、主要零部件的结构,能够设计相关设备拆装方案,熟练掌握常规的拆装方法;掌握相关设备的维护、检修等施工的安全要点,熟练进行相关设备的拆卸、安装、检修、试车等日常维护,具有熟练使用检修工量具的能力;具有较强的可持续发展能力。

五、教法学法

《化工设备》课程采用基于工作任务的项目化教学设计,以生产实际中真实的工作任务和真实设备为载体,按照生产一线真实的工作情境及要求展开教学,以学生为主体,以能力培养为目标,实现做、学、教一体化。教学过程如图 0-2 所示。

图 0-2 基于工作任务项目化教学过程示意图

项目一
化工储运容器及附件的拆卸与安装

【核心概念】

化工储运容器是指用来盛装生产和生活用的原料气体、液体、液化气体的容器。其主要部件：罐体（筒体）、封头（端盖）；附件：法兰、接口管、支座、安全附件（液面计、安全阀、压力表）。化工储运容器及附件的拆卸与安装是指采用现场方式，以小组为单位，讨论制定施工方案，根据最终确定的施工方案，对化工储运容器及附件进行拆卸，经过验收后，再进行组装，恢复原样。

【学习目标】

知识与能力　1. 了解化工储运容器（储罐）的构造特点及主要附件。
　　　　　　2. 会对化工储运容器及附件进行拆卸与安装。
过程与方法　1. 通过小组合作，设计拆卸与安装方案。
　　　　　　2. 通过对化工储运容器及附件拆卸与安装，学习并掌握课程知识。
情感与态度　培养爱岗敬业的职业素养，发扬精益求精的工匠精神。

【项目说明】

一、项目概况

（一）项目名称

化工储运容器及附件的拆卸与安装

（二）项目内容

储罐（人孔端盖）及安全附件（液面计、安全阀、压力表）的拆卸与安装。

二、项目实施计划

（一）项目实施计划时间安排

完成项目的总时间为10课时，其中方案制定4课时，方案确定1课时，方案

实施4课时,任务评价1课时。

(二) 实施项目保证措施

项目实施地点:化工实训室,学校提供所需设备及必要的工具。

任务　储罐及安全附件的拆卸与安装

【任务导入】

一、任务名称

储罐及安全附件的拆卸与安装

二、达成目标

能正确拆卸与安装储罐(人孔端盖)及安全附件(液面计、安全阀、压力表)。

三、任务内容

(一) 储罐(人孔端盖)及附件的拆卸

1. 储罐主要部件端盖(人孔盖)的拆卸。

2. 储罐安全附件(液面计、安全阀、压力表)的拆卸。

(二) 储罐(人孔端盖)及附件的安装

1. 储罐主要部件端盖(人孔盖)的安装。

2. 储罐安全附件(液面计、安全阀、压力表)的安装。

四、任务实施

(一) 设计施工方案

1. 编制依据,主要涉及的国家标准、行业标准等。

2. 工程概况,主要指在施工程项目的基本情况。

3. 技术方案,主要指施工步骤或流程,画出施工图。

4. 施工安全及注意事项。

(二) 施工准备

1. 材料准备。制定设备物料需求方案,填写物料领用表单,办理物料领用手续。

2. 工具准备。制定工具需求方案,填写工具领用表,办理工具领用手续。

(三) 实施操作

以小组为单位,分工明确合理,相互配合,合作完成施工任务。

(四) 结束工作

按5S管理要求进行:即整理、整顿、清扫、清洁、素养。

五、完成工作任务的条件

(一) 知识准备

学习化工储运容器（储罐）及附件的基础知识，了解化工储运容器（储罐）及附件的类型；理解化工储运容器（储罐）及附件的工作原理。

（二）技能准备

学习化工储运容器（储罐）及附件的构造理论，了解化工储运容器（储罐）及附件的拆卸及安装的技术规范，了解化工储运容器（储罐）及附件的安装与维护要求。

1. 教学流程图

2. 流程说明

（1）资讯　课前通过学习平台上传学案，学生根据学案及教材学习了解化工储运容器及附件基础知识和基本技能，在此基础上，再通过互联网收集化工储运容器（储罐）及附件相关资料（包括文档资料、图片资料、视频资料），并归纳整理。

（2）计划　学习小组根据学案组织交流、讨论，厘清相关概念，设计化工储运容器（储罐）及附件的拆卸与安装施工方案，编写设计说明书，作为小组成果提交班级讨论。

（3）决策　教师挑选2~3个有代表性的施工方案，组织全班学生论证，教师点评，通过学生表决方式确定最佳设计方案。

（4）实施　学习小组根据最佳设计方案对小组的设计方案进行调整，按调整好的方案进行现场施工。

（5）检查　教师巡视，现场指点。

（6）评价　拆卸完成后进行阶段评价：组织小组长进行互评。安装结束后，进行总结评价：按5S要求，组织学生自评、互评，并量化打分，教师根据实际情况量化打分。

知识点一、化工储运容器的定义及分类

一、化工储运容器的定义

化工储运容器是化工生产中所用设备外部壳体的总称，是指盛装气体或者液体，承载一定压力的密闭设备。

二、化工储运容器的分类

一般情况下，化工储运容器可根据不同的用途、构造材料、制造方法、形状、受力情况、装配方式、安装位置、器壁厚薄的不同进行分类。根据形状，化工储运容器可分为圆筒形、球形、矩形容器；根据承压情况，可分为内压容器与外压容器；根据容器壁厚，可为薄壁容器与厚壁容器；根据材料，可分为钢制、铸铁制、铝制、石墨制、塑料制容器等。

目前，化工储运容器中比较推崇的是球形罐。与圆筒形储罐相比，在相同容积和相同压力下，球形罐的表面积最小，故所需钢材面积少；在相同直径情况下，球形罐壁内应力最小，而且均匀，其承载能力比圆筒形容器大 1 倍，故球形罐的板厚只需相应圆筒形容器壁板厚度的一半。典型的球形罐如图 1-1 所示。

图 1-1　球形储罐

由于化工储运容器存储的介质通常具有较高的压力，故化工储运容器通常也称为压力容器。在化工生产中，化工储运容器采用以下分类方法。

（一）按用途分类

化工储运容器按用途分为反应容器（R）、传热容器（H）、分离容器（S）和储运容器（T）。

1. 反应容器

主要用来完成工作介质的物理、化学反应的容器称为反应容器。如反应器、发生器、聚合釜、合成塔、变换炉等。

2. 传热容器

主要用来完成介质的热量交换的容器称为传热容器。如热交换器、冷却器、加热器、硫化罐等。

3. 分离容器

主要用来完成介质的流体压力平衡、气体净化、分离等的容器称为分离容器。如分离器、过滤器、集油器、缓冲器、洗涤塔、铜洗塔、干燥器等。

4. 储运容器

主要用来盛装生产和生活用的原料气体、液体、液化气体的容器称为储运容器。如储槽、储罐、槽车等。

（二）按压力分类

化工储运容器按照设计压力的大小，压力容器可分为低压、中压、高压和超高压 4 类。

（三）按危险性和危害性分类

综合考虑设计压力的高低、容器内介质的危险性大小、反应或作用过程的复杂程度以及一旦发生事故的危害性大小，把它分为 3 类。

1. 第 1 类容器

第 1 类容器是指非易燃或无毒介质的低压容器及易燃或有毒介质的低压传热容器和分离容器。

2. 第 2 类容器

第 2 类容器是指任何介质的中压容器；剧毒介质的低压容器；易燃或有毒介质的低压反应容器和储运容器。

3. 第 3 类容器

第 3 类容器是高压、超高压容器，按照 PV 值［压力容器的 P（pressure 压力）和 V（volume 容积）的乘积］大小进行分类，主要分为以下三种情况：①$PV \geqslant 1.96 \times 10^5 Pa \cdot m^3$ 的剧毒介质低压容器和剧毒介质的中压容器；②$PV \geqslant 4.9 \times 10^5 Pa \cdot m^3$（即 5000）的易燃或有毒介质的中压反应容器；③$PV \geqslant 4.9 \times 10^6 Pa \cdot m^3$ 的中压储运容器以及中压废热锅炉和内径大于 1m 的低压废热锅炉。

知识点二、典型的化工储运容器——储罐

一、储罐

储罐是典型的化工储运容器，用以存放酸碱、醇、气体、液态等提炼的化学物质。

储罐种类繁多，根据材质不同大体上有：聚乙烯储罐、聚丙烯储罐、玻璃钢储罐、陶瓷储罐、橡胶储罐、不锈钢储罐等。

目前，化工企业普遍使用的储罐是钢衬聚乙烯储罐，其具有优异的耐腐蚀性能、强度高、寿命长等，外观可以制造成立式、卧式、运输、搅拌等多个品种。卧

式钢衬聚乙烯储罐如图 1-2 所示。

图 1-2 卧式钢衬聚乙烯储罐

二、储罐与化工生产

储罐主要用于储存数量较大的液体介质，如原料（乙醇、正丁醇、辛醇）、成品（丙烯酸、丙烯酸乙酯、丙烯酸丁酯、丙烯酸异辛酯）等。大型球罐用于储存数量较大、压力较高的石油气和液化气，如丙烯；大型卧罐用于储存压力不太高的气体、液化气和液体，如液化石油气；小型立式储罐主要作为中间产品罐；小型卧式储罐主要作为计量、冷凝罐等使用。

一个典型化工厂，一般包括生产装置、配套公用工程（水、电、汽/气）、储罐区、计量系统等设施。通常工艺过程为：原料通过计量和装卸设施卸至罐区，原料经过罐区泵送至装置中间缓冲罐，装置泵在设定的流量下将原料泵入装置开始生产，生产出的产品一般送入罐区储存，然后经过高精度计量设施进行装船或装车。

（一）储罐区储罐的设置

储罐区是化工原料、中间产品及成品的集散地，是大型化工企业的重要组成部分，也是化工安全生产的关键环节之一。大中型化工企业一般都设立储罐区，如图 1-3 所示。

储罐区储罐的设置方式可分为以下三种类型。

1. 地上储罐

地上储罐指的是储罐基础高于或等于相邻区域最低标高的储罐，或储罐埋没深度小于本身高度一半的储罐。

地上储罐主要有圆筒形储罐和球形储罐两类，圆筒形储罐的放置方式有立式和卧式，图 1-4 是常见的立式圆筒形地上储罐。

图1-3 大中型化工企业储罐区照片

地上储罐是化工企业常见的一类储罐,它易于建造,便于管理和维修,但蒸发损耗大,着火危险性较大。

2. 埋地储罐

埋地储罐是指罐内最高液面液位低于相邻区域的最低标高0.2m,且罐顶上覆土厚度不小于0.5m的储罐。

埋地储罐的构造特点是进出料的管道设置在储罐的上方(见图1-5),便于高出地面,保证进出料完全在地面进行操作。

图1-4 常见的立式圆筒形地上储罐

埋地罐能的优点是损耗低,减少意外损伤,减少环境影响,只要在与地面连接的管道上做好措施就具有良好的防火性能,着火的危险性小。

缺点是要能抵抗地层压力,防止地下水将其浮起,防止腐蚀。因而造价高,维护不方便,规定的使用年限较短。

地下储罐指的是这类储罐。

图1-5 埋地储罐

3. 半地下储罐

半地下储罐指的是罐底埋入地下深度不小于罐高的一半，且罐内的液面不高于附近地面（距储罐4m范围内的地面）最低标高2m的储罐。

半地下储罐的构造特点是进出料的管道设置在储罐的上半部（见图1-6），便于安装和保证进出料完全在地面进行操作。

图1-6 半地下储罐

埋地罐能的优点是安装方便，便于操作，损耗低。缺点是蒸发损耗大，着火危险性较大。

(二) 中间缓冲罐

缓冲罐是一种能够使化工生产运行更平稳的容器（见图1-7），不同的场合有不同的名称，比如中间存储容器、滞留罐、平衡罐、储液器、混合罐、中和容器等。

化工管路中，设置缓冲罐，其作用表现在以下方面。

1. 维持液位

缓冲罐的作用是维持一定液位，上游装置发生事故时，处理事故需要一定时间，能保证下游装置不停车。

项目一　化工储运容器及附件的拆卸与安装

图 1-7　中间缓冲罐

2. 稳定气压

缓冲罐对气体一般起稳压的作用。

3. 防止气蚀

缓冲罐可以保证往复泵输出液体的计量正确性，减小流体的脉冲幅度，减少往复泵管道的振动，有效防止气蚀。

技能点一、储罐的构造原理

一、储罐的基本构成

储罐属于密闭容器，最常见的形状是圆筒形和球形。无论什么形状，其构造原理是基本相似的，可以分成三个部分：主要部件是壳体，附件是法兰、接管、支座，安全附件是液面计、安全阀、压力表等。储罐的构造原理，如图 1-8 所示。

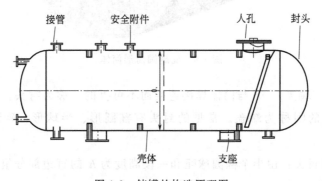

图 1-8　储罐的构造原理图

13

二、储罐各组件的构造特点

(一) 壳体

壳体是化工储运容器最主要的组成部分,储存物料或完成化学反应所需要的压力空间,其形状有圆筒形、球形、锥形和组合形等数种,但最常见的是圆筒形和球形两种。

1. 圆筒形壳体

圆筒形壳体的形状特点是轴对称,圆筒体是一个平滑的曲面,应力分布比较均匀,承载能力较强,且易于制造,便于内件的设置和装卸,因而获得广泛的应用。圆筒形壳体由一个圆柱形筒体和两端的封头或端盖组成。

(1) 筒体　筒体的作用是提供工艺所需的空间。

筒体的制作:直径较小(一般小于 500mm)时,圆筒可用无缝钢管制作;直径较大时,可用钢板在卷板机上卷成圆筒或用钢板在水压机上压制成两个半圆筒,再用焊缝将两者焊接在一起,形成整圆筒。若容器的直径不是很大,一般只有一条纵焊缝(见图 1-9),随着容器直径的增大,由于钢板幅面尺寸的限制,可能有两条或两条以上的纵焊缝。当容器较长时,由于钢板幅面尺寸的限制,也就需要先用钢板卷焊成若干段筒体(某一段筒体称为一个筒节),再由两个或两个以上的筒节组焊成所需长度的筒体。

图 1-9　储罐圆筒形筒体

(2) 封头(端盖)　凡与筒体焊接连接而不可拆的,称为封头。凡与筒体以法兰连接而可拆的则称为端盖。常见的封头有椭圆形、半球形、碟形、球冠形和锥形。

① 椭圆形封头:由半个椭圆球壳和一段高度为 h 的直边部分组成,是储罐最常用的封头。如图 1-10 所示。

图 1-10　储罐椭圆形封头

② 半球形封头：实际就是一个半球体，它的优点和球形容器相同。近年来随着制造水平的提高，采用半球形封头越来越多。

③ 碟形封头：又称带折边球形封头。由一个球面、一个某一高度的圆筒直边和连接以上两个部分的曲率半径大小小于球面半径的过渡部分组成。

④ 球冠形封头：是一块深度较小的球面体，它结构简单制造方便，常用作两个独立受压容器的中间分隔封头。

⑤ 锥形封头：有两种结构形式：一种是无折边的锥形封头，它一般应用于半顶角 $\alpha \leqslant 30°$；另一种为带折边的锥形封头，它是与筒体连接处的过渡圆弧 r 和高度为 h 的圆筒体部分。

⑥ 端盖（也称平盖）：以法兰连接且可拆。端盖的几何形状包括圆形、椭圆形、长圆形、矩形及方形几种。

人孔是安装在卧式储罐上部的安全应急装置，一般采用端盖（平盖），如图 1-11 所示。通常与防火器、机械呼吸阀配套使用，既能避免因意外原因造成罐内急剧超压或真空时，损坏储罐而发生事故，又能起到安全阻火作用，是保护储罐的安全装置。

图 1-11　储罐人孔端盖

端盖具有方便维修、定压排放、定压吸入、开闭灵活、安全阻火、结构紧凑、密封性良好、安全可靠等优点。

2. 球形壳体

容器壳体呈球形，又称球罐（见图1-12），其形状特点是中心对称。

图1-12　储罐球形壳体

（1）球形壳体的优点

① 受力均匀，承载能力最高。在相同的壁厚条件下，球形壳体的承载能力最高，即在相同的内压下，球形所需要的壁厚最薄，仅为同直径、同材料圆筒形壳体的1/2（不计腐蚀裕度）。

② 表面积最小。在相同容积条件下，球形壳体的表面积最小。如制造相同容积的容器，球形的要比圆筒形的节约30%～40%的钢材。此外，表面积小，对于用作需要与周围环境隔热的容器，还可以节省隔热材料或减少热的传导。

所以，从受力状态和节约用材来说，球形是化工储运容器最理想的外形。

（2）球形壳体的缺点

① 制造比较困难。球形壳体往往要采用冷压或热压成形，工时成本较高。

② 安装比较困难。球形壳体用于反应、传质或传热时，既不便于内部安装工艺内件，也不便于内部相互作用的介质的流动。

由于球形壳体存在上述不足，所以其使用受到一定的限制，一般只用于中、低压的储装容器，如液化石油气储罐、液氨储罐等。

3. 其他壳体

其他形状的壳体，如锥形壳体，因为用得较少，故不作介绍。

(二)储罐附件

储罐附件主要有法兰,法兰密封,接管、开孔及其补强结构,支座等。

1. 法兰

化工储运容器的人孔、进出料管,由于生产工艺和安装检修的需要,需要连接件。所以,连接件是容器及管道中起连接作用的部件,一般均采用法兰螺栓连接结构。常见的法兰有:整体法兰、活套法兰、任意式法兰三种类型。

(1)整体法兰　法兰与法兰颈部为一整体或法兰与容器的连接可视为相当于整体结构的法兰,称为整体法兰。化工储运容器的人孔和进出料管口一般采用整体法兰,见图1-13。

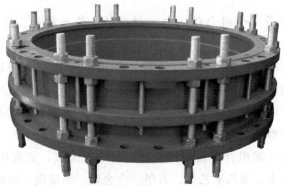

图1-13　整体法兰

(2)活套法兰　活套法兰是利用翻边、钢环等把法兰套在管端上,法兰可以在管端上活动。钢环或翻边就是密封面,法兰的作用则是把它们压紧。因为法兰是可以活动的,不直接和管道连接,所以称为活套法兰,也有另一种说法叫松套法兰,见图1-14。

图1-14　活套法兰

(3) 任意式法兰　任意式法兰是指法兰环开好坡口并先镶在筒体上，然后再焊在一起的法兰，见图 1-15。

图 1-15　任意式法兰

2. 法兰密封

法兰连接结构是一个组合件，由一对法兰、若干螺栓、螺母和一个垫片所组成。

法兰密封的原理是：法兰在螺栓预紧力的作用下，把处于密封面之间的垫片压紧。施加于单位面积上的压力（压紧应力）必须达到一定的数值才能使垫片变形而被压实，密封面上由机械加工形成的微隙被填满，形成初始密封条件。

法兰密封属于静密封，密封元件是密封垫，如图 1-16 所示。密封垫有非金属密封垫、非金属与金属组合密封垫、金属密封垫三大类，其常用材料有橡胶、皮革、石棉、纸、软木、聚四氟乙烯、石墨、合金钢、不锈钢、软钢、紫铜、铝和铅等。其中用棉、麻、石棉、纸、皮革等纤维素材质制成的密封垫，其组织疏松，致密性差，纤维间有细微缝隙，很容易被流动介质浸透。在压力作用下，流动介质从高压侧通过这些细微缝隙渗透到低压侧，即形成渗透泄漏。

图 1-16　密封垫

3. 接管、开孔及其补强结构

(1) 接管　接管（也叫管座）是储罐与介质输送管道或仪表、安全附件管道等进行连接的附件（见图 1-17）。常用的接管有三种形式，即螺纹短管、法兰短管与平法兰。螺纹短管式接管是一段带有内螺纹或外螺纹的短管。短管插入并焊接在容器的器壁上。短管螺纹用来与外部管件连接。这种形式的接管一般用于连接直径较小的管道，如接装测量仪表等。

图1-17 储罐的接管

法兰短管式接管一端焊有管法兰，一端插入并焊接在容器的器壁上。法兰用以与外部管件连接。

平法兰接管是法兰短管式接管除掉了短管的一种特殊形式。它实际上就是直接焊在容器开孔处的一个管法兰。

(2) 开孔 为了便于检查、清理容器的内部，装卸、修理工艺内件及满足工艺的需要，一般化工储运容器都开设有手孔和人孔（见图1-18）。一般手孔的直径不小于150mm。对于内径≥1000mm的容器，如不能利用其他可拆除装置进行内部检验和清洗时，应开设人孔，人孔的大小应能使人能够钻入。

图1-18 储罐的开孔

手孔和人孔有圆形和椭圆形两种。椭圆孔的优点是容器壁上的开孔面积可以小一些，而且其短径可以放在容器的轴向上，这就减小了开孔对容器壁的削弱。对于立式圆筒形容器来讲，椭圆形人孔也适宜人的进出。

（3）开孔补强结构　容器的筒体或封头后，不但减小了容器的受力面积，而且还因为开孔造成结构不连续而引起应力集中，使开孔边缘处的应力大大增加，孔边的最大应力要比器壁上的平均应力大几倍，对容器的安全行为极为不利。为了补偿开孔处的薄弱部位，就需进行补强措施。

补强圈补强结构是在开孔的边缘焊一个加强圈（见图1-19），其材料与容器材料相同，厚度一般也与容器的壁厚相同，其外径约为孔径的2倍。加强圈一般贴合在容器外壁上，与壳体及接管焊接在一起，圈上开一带螺纹的小孔，备作补强周围焊缝的气密性试验之用。

图1-19　储罐的开孔补强结构

4. 支座

支座是指用以支承容器或设备的重量，并使其固定于一定位置的支承部件。

根据支座安装位置不同，分为卧式容器支座、立式容器支座和球形容器支座。

卧式容器支座采用鞍式支座（见图1-20）。这是卧式容器使用最多的一种支座形式。一般由腹板、底板、垫板和加强筋组成。

图1-20　储罐的鞍式支座

立式容器支座采用支承式支座。支承式支座一般由两块竖板及一块底板焊接而成。竖板的上部加工成和被支承物外形相同的弧度，并焊于被支承物上。

球形容器支座采用赤道正切柱式支承。

（三）安全附件

安全附件是为了使压力容器安全运行而安装在设备上的一种安全装置。由于储罐的使用特点及其内部介质的化学工艺特性，往往需要在容器上设置一些安全装置和测量、控制仪表来监控工作介质的参数，以保证压力容器的使用安全和工艺过程的正常进行。

1. 安全附件分类

（1）泄压装置　现代化工工业生产中，经常伴随着高温、高压等危险性的生产条件以及操作。为了避免发生危险，保证生产的安全性，因此普遍的需要使用安全泄压装置。储罐的泄压装置有：安全阀、爆破片和易熔塞等。

（2）计量装置　计量装置是指能自动显示容器运行中与安全有关的工艺参数的器具。

常见的计量装置有压力表、温度计、液面计等。

（3）报警装置　报警装置指容器在运行中出现不安全因素致使容器处于危险状态时能自动发出音响或其他明显报警讯号的仪器。如压力报警器、温度检测仪。

（4）连锁装置　连锁装置是为了防止操作失误而设的控制机构。如连锁开关、连动阀等。

2. 最常用安全附件

在压力容器安全附件中，最常用而且最关键的就是安全泄压装置、压力表等。

（1）安全泄压装置

① 安全阀。安全阀的特点是当压力容器正常工作压力情况下，保持严密不漏，当容器内压力一旦超过规定，它就能自动迅速排泄容器内介质，使容器内的压力始终保持在最高允许范围之内。安全阀可分为弹簧式安全阀、杠杆式安全阀、脉冲式安全阀。一般情况下，安全阀尽量安装在容器本体上，液化气要装在气相部位，同时要考虑到排放的安全，见图1-21。

② 爆破片。爆破片又称防爆膜，是一种断裂型安全装置，具有密封性能好，泄压反应快等特点。一般用在高压、无毒的气瓶上，如空气、氮气。气瓶上的爆破片压力一般取大于气瓶充装压力，小于气瓶设计最高温升压力。

③ 易熔塞。易熔塞是利用装置内的低熔点合金在较高的温度下即熔化、打开通道使气体从原来填充的易熔合金的孔中排出来泄放压力，其特点是结构简单，更换容易，由熔化温度而确定的动作压力较易控制。一般用于气体压力不大，完全由温度的高低来确定的容器。如低压液化气氯气钢瓶上的易熔塞的熔化温度为65℃。

图 1-21 储罐最常用安全附件

此三种安全装置比较，安全阀开启排放过高压力后可自行关闭，容器和装置可以继续使用，而爆破片、易熔塞排放过高压力后不能继续使用，容器和装置也得停止运行。

（2）压力表　压力表是压力容器上用以测量介质压力的仪表（见图 1-22）。

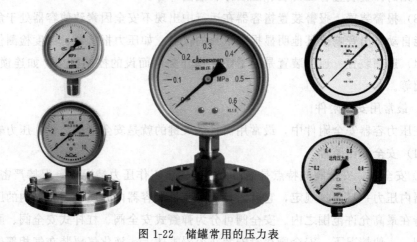

图 1-22 储罐常用的压力表

压力表的常见类型：
① 弹簧式压力表，适用于一般性介质的压力容器；
② 隔膜式压力表，适用于腐蚀性介质的压力容器。

技能点二、化工储运容器的安装与维护基本要求

一、化工储运容器安装与维护规范简介

储罐是所有化工企业必备的设备，为了规范储罐的管理程序，保证储罐的安全

运行，减少和防止事故发生。国家和行业出台了有关储罐的安装和维护标准，主要有：

①《立式圆筒形钢制焊接油罐设计规范》GB 50341—2014

②《立式圆筒形钢制焊接油罐施工及验收规范》GB 50128—2014

③《石油化工立式圆筒形钢制焊接储罐设计规范》SH 3046—1992

④《常压立式圆筒形钢制焊接储罐维护检修规程》SHS 01012—2004

⑤《石油化工立式圆筒形钢制储罐施工工艺标准》SH/T 3530—2011

⑥《固定式压力容器安全技术监察规程》TSG 21—2016（以下简称《大容规》）

二、储罐维护检修注意事项

以上规范中，《大容规》是固定式压力容器设计制造过程中所遵守的总原则，由中华人民共和国国家质量监督检验检疫总局颁布。

为确保企业安全生产、设备安全运行，提高储罐的使用寿命和劳动生产效率，对运行的储罐必须进行定期检查维修，以防故障而影响生产。

（一）储罐的检修周期

储罐的检修分为中修和大修，检修周期一般为：中修 60~120 天，大修 12 个月。

1. 中修

中修主要是消除跑、冒、滴、漏。清洗或更换液面计修理或更换进、出口及排污阀门疏通清理冷却水盘管。检查修理安全阀，放空阻火器。修补防腐层和绝热层。

2. 大修

大修包括中修项目修理储罐内件，对发现有裂纹，严重腐蚀等部位，相应修补或更换筒节。修补可采用高分子复合材料修复。根据内外部检验要求，经过修补或更换筒节后，需进行试漏或液压试验。全面除绣保温。对储罐内外部检验中发现的其他问题进行处理。

（二）检修方法及质量标准

储罐的修理，如开孔、补焊、更换筒节等，应根据《大容规》及其他有关标准，规范制定具体施工方案并经单位技术负责批准。修理所用材料（母材、焊条、焊丝、焊剂等）和阀门，应具有质量证明书，利用旧的材料阀门、紧固件时，必须检验合格后方可使用。装配储罐的紧固件应涂润滑材料，紧螺栓时应按对角依次拧紧。非金属垫片一般不得重复使用，选用垫片时，应考虑介质的腐蚀性。修理后经检验合格后方可进行防腐保温工作。

【思考与练习】

1. 什么是化工储运容器，有哪些类型？
2. 化工储运容器的支座有哪些类型，卧式容器安装鞍座时一般用几个？为什么？
3. 法兰密封中垫片起什么作用，影响法兰密封的主要因素有哪些？
4. 在压力容器的筒体上开设椭圆形人孔，其长、短轴应如何布置？为什么？
5. 圆筒形容器有哪几种封头？各有什么特点？

项目二 换热设备的拆卸与安装

【核心概念】

换热设备是指使热量从热流体传递到冷流体的设备。常见的换热设备是管式换热器，主要有固定管板式换热器、浮头式换热器、U形管式换热器、填料函式换热器四种类型。管式换热器由壳体、管板、传热管束、折流板（挡板）和管箱等部件组成。换热设备的拆卸与安装是指采用现场方式，以小组为单位，讨论制定施工方案，根据最终确定的施工方案，对管式换热器进行拆卸，经过验收后，再进行组装，恢复原样。

【学习目标】

知识与能力　1. 了解管式换热器的构造特点及主要部件。
　　　　　　2. 会对管式换热器进行拆卸与安装。
过程与方法　1. 通过小组合作，设计拆卸与安装方案。
　　　　　　2. 通过对管式换热器拆卸与安装，学习并掌握课程知识。
情感与态度　培养爱岗敬业的职业素养，发扬精益求精的工匠精神。

【项目说明】

一、项目概况

（一）项目名称

换热设备的拆卸与安装

（二）项目内容

管箱的拆卸与安装，封头的拆卸与安装，传热管束的拆卸与安装。

二、项目实施计划

（一）项目实施计划时间安排

完成项目的总时间为10课时，其中方案制定4课时，方案确定1课时，方案

实施 4 课时，任务评价 1 课时。

（二）实施项目保证措施

项目实施地点：化工实训室，学校提供所需设备及必要的工具。

任务　管壳式换热器的拆卸与安装

【任务导入】

一、任务名称

管壳式换热器的拆卸与安装

二、达成目标

能正确拆卸与安装管壳式换热器的管箱、封头和传热管束。

三、任务内容

（一）管壳式换热器的拆卸

1. 管壳式换热器管箱的拆卸。

2. 管壳式换热器封头的拆卸。

3. 管壳式换热器传热管束的拆卸。

（二）管壳式换热器的安装

1. 管壳式换热器管箱的安装。

2. 管壳式换热器封头的安装。

3. 管壳式换热器传热管束的安装。

四、任务实施

（一）设计施工方案

1. 编制依据，主要涉及的国家标准、行业标准等。

2. 工程概况，主要指在施工程项目的基本情况。

3. 技术方案，主要指施工步骤或流程，画出施工图。

4. 施工安全及注意事项。

（二）施工准备

1. 材料准备。制定设备物料需求方案，填写物料领用表单，办理物料领用手续。

2. 工具准备。制定工具需求方案，填写工具领用表，办理工具领用手续。

（三）实施操作

以小组为单位，分工明确合理，相互配合，合作完成施工任务。

（四）结束工作

1. 按 5S 管理要求进行：即整理、整顿、清扫、清洁、素养。

2. 按照借据核对设备工具数量,并办理材料和工具归还手续。
3. 填写实训报告。

五、完成工作任务的条件

(一)知识准备

学习换热设备的基础知识,了解换热设备的类型;理解换热设备的工作原理。

(二)技能准备

学习换热设备的构造理论,了解换热设备的拆卸及安装的技术规范和安装与维护要求。

1. 教学流程图

2. 流程说明

(1)资讯 课前通过学习平台上传学案,学生根据学案及教材学习了解换热设备基础知识和基本技能,在此基础上,再通过互联网收集换热设备相关资料(包括文档资料、图片资料、视频资料),并归纳整理。

(2)计划 学习小组根据学案组织交流、讨论,厘清相关概念,设计换热设备的拆卸与安装施工方案,编写设计说明书,作为小组成果提交班级讨论。

(3)决策 教师挑选2~3个有代表性的施工方案,组织全班学生论证,教师点评,通过学生表决方式确定最佳设计方案。

(4)实施 学习小组根据最佳设计方案对小组的设计方案进行调整,按调整好的方案进行现场施工。

(5)检查 教师巡视,现场指点。

(6)评价 拆卸完成后进行阶段评价:组织小组长进行互评。安装结束后,进行总结评价:按5S要求,组织学生自评、互评,并量化打分,教师根据实际情况量化打分。

知识点一、换热设备的定义及分类

一、换热器定义

换热器是将热流体的部分热量传递给冷流体的设备,又称热交换器。换热器在化工、石油、动力、食品及其他许多工业生产中占有重要地位,其在化工生产中可作为加热器、冷却器、冷凝器、蒸发器和再沸器等,应用广泛。在炼油、化工装置中换热器占总设备数量的40%左右,占总投资的30%~45%。

二、换热器的分类

换热器的外形多种多样,按照传热原理和实现热交换的形式不同可以分为间壁式换热器、混合式换热器、蓄热式换热器(冷热流体直接接触)、有液态载热体的间接式换热器四种。

(一) 混合式换热器

混合式换热设备是让冷、热流体直接接触,进行热量交换的换热器,见图2-1。

图2-1 混合式换热器

混合式换热器传热方式主要是热对流。

常见的混合式换热器有凉水塔、喷淋式冷却塔等。

(二) 蓄热式换热器

蓄热式换热器是借助于固体蓄热体,把热量从高温流体传给低温流体的换热器。

蓄热式换热器的两种主要形式是固定床型和旋转型。固定床型蓄热式换热器见图2-2。

蓄热式换热器工作原理是通过多孔填料或基质的短暂能量储存,将热量从一种流体传递到另外一种流体。

(三) 间壁式换热器

间壁式换热器主要是以热传导方式传热,即利用设备或管道的间壁将冷、热流体隔开,互不接触,热流体通过间壁将热量传递给冷流体。常见类型有管式换热器和板式换热器。

图 2-2　固定床型蓄热式换热器

1. 管式换热器

（1）固定管板式换热器　固定管板式换热器是将两端管板直接和壳体焊接在一起的换热器，见图 2-3。

图 2-3　固定管板式换热器

固定管板式换热器的结构简单、造价低廉、制造容易、管程清洗检修方便，但只适用于冷热流体温度差不大，且壳程不需机械清洗时的换热操作。固定管板式换热器壳程清洗困难，管束制造后有温差应力存在，由于没有热补偿，仅适用于流体温差不大、不易结垢的物料。

（2）浮头式换热器　浮头式换热器是将两端管板一端直接和壳体焊接在一起，一端焊接在自由移动封头（称之为浮头）上的换热器，浮头的作用是解决热补偿问题，见图 2-4。

图 2-4　浮头式换热器

这种换热器壳体和管束的热膨胀是自由的,管束可以抽出,便于清洗管间和管内,使用范围温差较大(70~120℃),应用较为广泛。缺点是结构复杂,造价高(比固定管板高20%),在运行中浮头处发生泄漏,不易检查处理。

(3) U形管式换热器　U形管换热器是将换热管弯成U形,两端固定在同一管板上(见图2-5)。由于壳体和换热管分开,换热管束可以自由伸缩,不会由于介质的温差而产生温差应力。

图 2-5　U形管式换热器

U形管换热器的外形特点是管箱、接管集中在一侧。这种换热器结构简单,质量轻,管束可以自由的抽出和装入,适用高温高压情况。缺点:由于换热管受弯曲半径的限制,其管束中心部分存在空隙,流体很容易走短路,影响了传热效果。

(4) 填料函式换热器　填料函式换热器是将原置于壳程内部的浮头移至体外,并用填料函来密封壳程内介质外泄的换热器(见图2-6)。

图 2-6　填料函式换热器

填料函式换热器加工制造方便,造价比较低廉,使用范围高温高压情况。缺点:因填料处易产生泄漏,不适用于易挥发、易燃、易爆、有毒及贵重介质,使用温度也受填料的物性限制。填料函式换热器现在已很少采用。

2. 板式换热器

板式换热器是由一系列具有一定波纹形状的金属片叠装而成的一种新型高效换

热器。各种板片之间形成薄矩形通道,通过板片进行热量交换。常见的板式换热器有框架式(可拆卸式)和钎焊式两大类,框架式换热器包括螺旋板式换热器、矩形板式换热器、板翅式换热器、板壳式换热器、伞板式换热器。

(1)螺旋板式换热器　螺旋板式换热器是由两张平行的金属板卷制成两个螺旋形通道,冷热流体之间通过螺旋板壁进行换热的换热器(见图2-7)。按结构形式可分为不可拆式(Ⅰ型)螺旋板式及可拆式(Ⅱ型、Ⅲ型)螺旋板式换热器。

图 2-7　螺旋板式换热器

螺旋板式换热器的传热系数高(约比管壳式换热器高1~4倍),平均温度差大(因冷、热流体可做完全的逆流流动),流动阻力小,不易结垢;缺点是维修困难。使用压力不超过2MPa。

(2)矩形板式换热器　矩形板式换热器由一系列具有一定波纹形状的金属片叠装、相邻版间的密封圈和压紧装置组成,各种板片之间形成薄矩形通道,热流体分别在波纹板两侧的流道中流过,经板片进行换热,是一种新型高效换热器(见图2-8)。

图 2-8　矩形板式换热器

矩形板式换热器的波纹板通常由厚度为 0.5～3mm 的不锈钢、铝、钛、钼等薄板冲制而成。

矩形板式换热器的传热系数高（约比管壳式换热器高 2～4 倍），容易拆洗，并可增减板片数以调整传热面积。

矩形板式换热器的操作压力通常不超过 2MPa，操作温度不超过 250℃。

(3) 板翅式换热器　板翅式换热器是以平板和翅片作为传热元件的换热器。由隔板、翅片、封条、导流片组成（见图 2-9）。在相邻两隔板间放置翅片、导流片以及封条组成一夹层，称为通道。将这样的夹层根据流体的不同方式叠置起来，钎焊成一整体便组成板束，板束是板翅式换热器的核心，配以必要的封头、接管、支承等就组成了板翅式换热器。

图 2-9　板翅式换热器

板翅式换热器结构非常紧凑（换热面积达 4400m/m），传热效果好，且使用压力可达 15MPa。缺点：它的制造工艺复杂，流道小，内漏不易修复，因而限用于清洁的无腐蚀性流体，如作空气分离用的换热器。

(4) 板壳式换热器　板壳式换热器是以板管作为传热元件的换热器，又称薄片换热器（见图 2-10）。主要由板管束和壳体两部分组成。A 流体在板管内流动，B 流体则在壳体内的板管间流动。

板壳式换热器以板为传热面，传热效能好。传热系数约为管壳式换热器的 2 倍。结构紧凑，体积小。耐温、抗压，最高工作温度可达 800℃，最高工作压力达 6.3MPa。扁平流道中流体高速流动，且板面平滑，不易结垢，板束可拆出，清洗也方便。

(5) 伞板式换热器　伞板式换热器是用带波纹的伞形板作为传热元件的换热器。伞板换热器是中国和瑞典在 20 世纪 60 年代初期各自独立创制的，分为蛛网式

图 2-10　板壳式换热器

和蜂螺式两种。它的结构基本上与板式换热器相同，由一对端板（头盖、底板）和许多伞形板片叠加成的板束构成，整个设备由支座支承。

伞板式换热器的冷、热流体（A、B 流体）分别流过板束中奇数层或偶数层间，并借助板片间的异形密封垫片而不相混、不外漏。流体在板间的流动方式是：蛛网式沿伞面成对角流；蜂螺式在板片叠加后形成的螺旋通道中成螺旋流。板片一侧的流体由边缘流向中心，而另一侧的流体则由中心流向边缘，呈纯逆流流动。伞板上的波纹是根据强化传热、增加相邻板片叠加的接触点、提高承压能力的原则设计的。除蛛网、蜂螺波纹以外，还有复波等形式的波纹。板片可用碳钢、不锈钢、铜合金、铝合金和工业纯钛制成。

伞板式换热器板片用旋压成形，不需要大型冲压设备和昂贵的冲压模。传热效能优于管壳式换热器。拆卸、清洗方便。

知识点二、换热器工作原理

管壳式换热器内，封头与管板围成的区域叫做管箱，管子内壁和管箱构成的通道称为管程，管板与圆筒形壳体围成的区域叫做管壳，管壳与管子外壁构成的通道称为壳程。

换热器有四个主要接口，工作时有两种（冷热）流体。一种流体由封头端的进口接管进入传热管内（称为管程流体），其流程可根据工艺要求实现，流体在管内每通过管束一次称为一个管程。为提高管内流体的速度，可在两端封头内设置适当隔板，将全部管子平均分隔成若干组。这样，流体可每次只通过部分管子而往返管束多次，称为多管程（二管程和四管程）结构，最后从封头的另一接口流出。另一种流体由管壳一端的进口接管进入壳体内并均匀地分布于传热管外（称为壳程流体），同样，为提高管外流速，可在壳体内安装纵向挡板，即折流板，引导壳程流体多次改变流动方向，称多壳程。使流体多次通过壳体空间，有效地冲刷管子，以提高传热效能，最后从壳体的另一接口流出（见图2-11）。

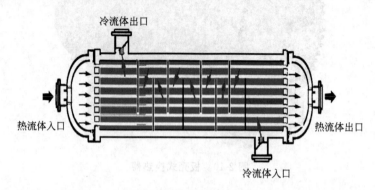

图 2-11　换热器工作原理

管程流体与壳程流体逆向流动，在此过程中，相互通过管壁进行热交换，达到传热的目的。

知识点三、换热器开发与应用

换热器中最早诞生的就是板式换热器，出现在20世纪20年代，并且在食品行业中得到了有效应用。20世纪30年代初出现了螺旋板式换热器，60年代开始，管壳式换热器也得到了进一步的发展。

中国换热器产业起步较晚。国内换热器行业在消化吸收国外技术的基础上，开始获得较快发展。1963年抚顺机械设备制造有限公司按照美国TEMA标准制造出中国第一台管壳式换热器，1965年兰州石油机械研究所研制出我国第一台板式换热器。进入21世纪后，我国换热器产业在技术水平上获得了快速提升，板式换热器日渐崛起。国产首台板式空气预热器，总传热面积达10910m^2。

换热器是化工生产中重要的单元设备，应用广泛，主要应用于炼油、化工、轻工、制药、机械、食品加工、动力以及原子能工业部门。根据统计，热交换器的吨位约占整个工艺设备的20%，有的甚至高达30%，在现代炼油厂中，换热器约占全部工艺设备投资的40%以上；在海水淡化工业生产当中，几乎全部设备都是由换热器组成的，其重要性可想而知。

知识点四、管壳式换热器应用举例

精馏是化工生产中分离互溶液体混合物的典型单元操作，其实质是多级蒸馏，即在一定压力下，利用互溶液体混合物各组分的沸点或饱和蒸气压不同，使轻组分（沸点较低或饱和蒸汽压较高的组分）汽化，经多次部分液相汽化和部分气相冷凝，使气相中的轻组分和液相中的重组分浓度逐渐升高，从而实现分离，如甲醇精馏。甲醇精馏工艺流程如图 2-12 所示。

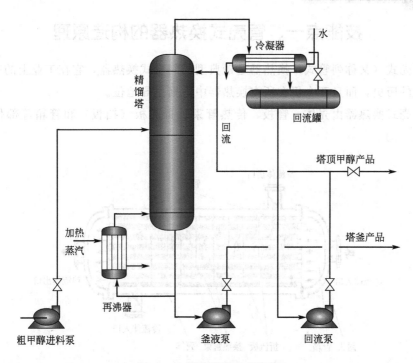

图 2-12　甲醇精馏工艺流程

甲醇精馏工艺的主要设备有：精馏塔、再沸器、冷凝器、回流罐和输送设备等。精馏塔以进料板为界，上部为精馏段，下部为提馏段。一定温度和压力的料液进入精馏塔后，轻组分在精馏段逐渐浓缩，离开塔顶后全部冷凝进入回流罐，一部分作为塔顶产品（也叫馏出液），另一部分被送入塔内作为回流液。回流液的目的是补充塔板上的轻组分，使塔板上的液体组成保持稳定，保证精馏操作连续稳定地进行。

甲醇精馏工艺流程中，换热设备有两种：再沸器和冷凝器。

再沸器是一个能够交换热量，同时有汽化空间的一种特殊换热器。在化工过程中，装于蒸馏塔底部用于汽化塔底产物的换热器，通常称为再沸器（也称为重沸器）。

冷凝器是通过吸收气态物料的热量使其凝结成液态物料的设备，有相态的变化。在化工过程中，冷凝器装于蒸馏塔顶部。设置塔顶冷凝器的作用：一是把塔顶气相冷凝下来，变成产品；二是回流，将部分塔顶采出物重新送回塔顶，提供回流液。

【基本技能】

技能点一、管壳式换热器的构造原理

管壳式（又称列管式）换热器是最典型的间壁式换热器，它在工业上的应用有着悠久的历史，而且至今仍在所有换热器中占据主导地位。

管壳式换热器由壳体、管板、传热管束、折流板（挡板）和管箱等部件组成（见图2-13）。

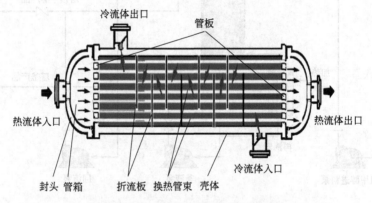

图 2-13 管壳式换热器的构造原理

壳体，即换热器的外壳，中间为圆筒形，两端有封头。

管板，就是按等边三角形或正方形排列的、钻出比管子外径一样略大一些孔的圆形钢板，起到固定管子以及密封介质作用。管板一般为两块，固定在壳体的两端，将壳体划分成三个部分，其中管板与封头之间的部分称为管箱，管板之间称为管程。

换热管束，安装在管程内按一定形式排列的一束管子，管束的壁面即为传热面，是间壁传热的主要元件，管束通常固定在两端的管板上。

折流板（挡板），安装在管程内的横向挡板。挡板可提高壳程流体速度，迫使流体按规定路程多次横向通过管束，增强流体湍流程度。常用的挡板有圆缺形和圆盘形两种，前者应用更为广泛。

管箱，列管式换热器两侧和管程相连接的部分，由法兰、短接及封头组成，按其结构可分为固定端管箱、滑动管箱、浮头管箱。

技能点二、常见管壳式换热器的构造特点

一、固定管板式换热器

固定管板式换热器是管壳式换热器中构造最简单的换热器（见图 2-14）。

图 2-14　固定管板式换热器

固定管板式换热器的构造特点是，将两端管板直接和壳体焊接在一起，管束两端用焊接或胀接的方法将管子固定在管板上，壳程的进出口管直接焊在壳体上，管板外圆周和封头法兰用螺栓紧固，管程的进出口管直接和封头焊在一起，管束内根据换热管的长度设置了若干块折流板。

固定管板式换热器没有热补偿，不能克服温差应力问题，不能用于冷热流体温度差大化工工艺。

二、浮头式换热器

浮头式换热器（见图 2-15）的构造特点是将两端管板的一端焊接在壳体上，另一端焊接在一个可以沿着管长方向自由移动的封头上，这个封头称为浮头。这种改进，使浮头可以在壳体内自由移动，解决了壳体和管束热膨胀的热补偿问题。在温差较大（70~120℃）的场合应用较为广泛。

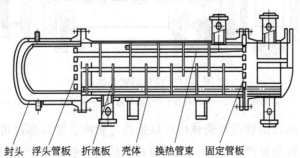

封头　浮头管板　折流板　壳体　换热管束　固定管板

图 2-15　浮头式换热器

浮头可拆卸,管束可以自由地抽出和装入,便于清洗和检修。缺点:但结构比较复杂,造价较高。

三、U形管式换热器

U形管式换热器的构造特点是只用一块管板,将换热管围成U形,两端固定在同一管板上(见图2-16)。

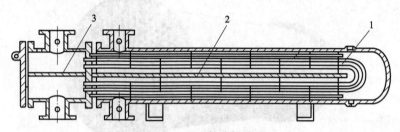

图 2-16 U形管式换热器
1—U形管;2—壳层隔板;3—管层隔板

由于壳体和换热管分开,换热管束可以自由伸缩,不会由于介质的温差而产生温差应力。管束可以被自由地抽出和装入,方便清洗,由于换热管做成半径不等的U形弯,因此除最外层换热管损坏后可以更换外,其他管子损坏只能堵管。使用范围为高温高压情况。

四、填料函式换热器

填料函式换热器是浮头式换热器的又一种改形结构,它把原置于壳程内部的浮头移至体外,并用填料函来密封壳程内介质的外泄(见图2-17)。填料函式换热器适用于高温高压情况,结构较浮头式换热器简单,加工制造方便,节省材料,造价比较低廉。

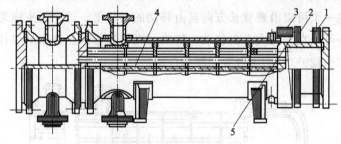

图 2-17 填料函式换热器
1—活动管板;2—填料压盖;3—填料函;4—纵向隔板;5—填料

填料函式换热器的管束从壳体内可以抽出,管内、管间都能进行清洗,维修方便。缺点:因填料处易产生泄漏,填料函式换热器一般适用于4MPa以下的工作条件,且不适用于易挥发、易燃、易爆、有毒及贵重介质,使用温度也受填料的物性限制，填料函式换热器现在已很少采用。

技能点三、管壳式换热器的拆装规范简介

一、管壳式换热器安装规范简介

管壳式换热器安装执行的标准有：《热交换设备安装施工工艺标准》（QB-CNCEC J20301—2006）。

《热交换设备安装施工工艺标准》是中华人民共和国石油化工行业标准，于2006年颁布实施，涉及的主要内容有：适用范围、施工准备、施工工艺、质量检验、成果保护、职业健康安全和环境管理六个方面。

二、管壳式换热器维护规范

管壳式换热器维护检修规程：《石油化工设备维护检修规程——通用设备》（SHS 01009—2004）。

《石油化工设备维护检修规程——通用设备》是中国石油化工集团公司行业标准，由总则、检修周期与内容、检修与质量标准、试验与验收、维护与故障处理五个部分。

《石油化工设备维护检修规程——通用设备》规定了换热设备的检修周期与内容、检修与质量标准、试验与验收、维护与故障处理。

《石油化工设备维护检修规程 第一册 通用设备》是对1992年印发试行规程的一次大规模修订编制，在原408个单项规程的基础上，删减、合并201个，新增187个，修订后共有395上单项规程。修订编制后的规程更具科学性、实用性和权威性。

【思考与练习】

1. 按换热方式，对换热设备进行分类，并简述各自特点。
2. 对换热设备有哪些基本要求？
3. 管壳式换热器常用的结构有几种？各自的结构特点是什么？
4. 换热管与管板的连接方式有几种？
5. 膨胀节的作用是什么？有几种形式？哪一种最常用？
6. 对换热器应做哪些日常检查？
7. 在检修换热器前应做哪些准备？
8. 清洗换热器的方法有几种？
9. 简述换热器壳体及换热管的检修方法。

项目三
塔设备的拆卸与安装

【核心概念】

塔设备是指为化学反应提供反应空间和反应条件，用于完成化学反应的装置。常见的塔设备主要包括板式塔和填料塔两种类型。塔设备的结构主要由塔体、支座、塔内件及塔附件四部分组成。塔设备的拆卸与安装是指采用现场方式，以小组为单位，讨论制定施工方案，根据最终确定的施工方案，对塔设备进行拆卸，经过验收后，再进行组装，恢复原样。

【学习目标】

知识与能力　1. 了解塔设备的构造特点及主要附件。
　　　　　　2. 会对塔设备进行拆卸与安装。
过程与方法　1. 通过小组合作，设计拆卸与安装方案。
　　　　　　2. 通过对塔设备拆卸与安装，学习并掌握课程知识。
情感与态度　培养爱岗敬业的职业素养，发扬精益求精的工匠精神。

【项目说明】

一、项目概况

（一）项目名称

塔设备的拆卸与安装

（二）项目内容

1. 板式塔塔盘的拆卸与安装。
2. 填料塔内件的拆卸与安装。

二、项目实施计划

（一）项目实施计划时间安排

完成项目的总时间为20课时，其中方案制定8课时，方案确定2课时，方案

实施8课时,任务评价2课时。

(二)实施项目保证措施

项目实施地点:化工实训室,学校提供所需设备及必要的工具。

任务一　板式塔塔盘的拆卸与安装

一、任务名称

板式塔塔盘的拆卸与安装

二、达成目标

能正确拆卸与安装板式塔的塔盘。

三、任务内容

(一)板式塔塔盘的拆卸

①泡罩塔板的拆卸;②降液管的拆卸;③溢流堰的拆卸;④支承件的拆卸;⑤除沫装置的拆卸。

(二)板式塔塔盘的安装

①泡罩塔板的安装;②降液管的安装;③溢流堰的安装;④支承件的安装;⑤除沫装置的安装。

四、任务实施

(一)设计施工方案

1. 编制依据,主要涉及的国家标准、行业标准等。

2. 工程概况,主要指在施工程项目的基本情况。

3. 技术方案,主要指施工步骤或流程,画出施工图。

4. 施工安全及注意事项。

(二)施工准备

1. 材料准备。制定设备物料需求方案,填写物料领用表单,办理物料领用手续。

2. 工具准备。制定工具需求方案,填写工具领用表,办理工具领用手续。

(三)实施操作

以小组为单位,分工明确合理,相互配合,合作完成施工任务。

(四)结束工作

1. 按5S管理要求进行:即整理、整顿、清扫、清洁、素养。

2. 按照借据核对设备工具数量,并办理材料和工具归还手续。

3. 填写实训报告。

五、完成工作任务的条件

（一）知识准备

学习板式塔的基础知识，包括板式塔的定义及分类、工作原理及板式塔的开发与应用。

（二）技能准备

学习板式塔的基本技能，包括板式塔的构造原理、常见的板式塔、板式塔的拆装基本要求。

1. 教学流程图

2. 流程说明

（1）资讯　课前通过学习平台上传学案，学生根据学案及教材学习了解板式塔的基础知识、基本技能，在此基础上，通过互联网收集塔设备相关资料（包括文档资料、图片资料、视频资料），并归纳整理。

（2）计划　学习小组根据学案组织交流、讨论，厘清相关概念，设计塔设备的拆卸与安装施工方案，编写设计说明书，作为小组成果提交班级讨论。

（3）决策　教师挑选2~3个有代表性的施工方案，组织全班学生论证，教师点评，通过学生表决方式确定最佳设计方案。

（4）实施　学习小组根据最佳设计方案对小组的设计方案进行调整，按调整好的方案进行现场施工。

（5）检查　教师巡视，现场指点。

（6）评价　拆卸完成后进行阶段评价：组织小组长进行互评。安装结束后，进行总结评价：按5S要求，组织学生自评、互评，并量化打分，教师根据实际情况量化打分。

知识点一、板式塔的定义及分类

一、板式塔的定义

板式塔是指塔的内件为一定数量塔板（又称塔盘）的塔形设备，是一类用于气-

液或液-液系统的分级接触传质设备。工业上，板式塔常用来分离液体混合物或液体混合物中的某些组分。

二、板式塔的分类

塔板是板式塔中气液两相接触传质的部位，由气体通道、溢流堰、降液管三部分组成，气体通道主要供气体自下而上穿过板上的液层。气体通道的气液接触元件（泡罩、筛孔或浮阀等）决定塔的操作性能。根据气液接触元件的不同，将板式塔分为泡罩塔、筛板塔、浮阀塔、网孔板塔、斜孔塔、垂直筛板塔和旋流塔等。工业上常用的板式塔有泡罩塔、筛板塔、浮阀塔。

（一）泡罩塔

泡罩塔是指塔板上气液接触元件为泡罩，其内气体或蒸汽以泡状通过液体的一种板式塔，又称泡帽塔和泡盖塔（见图3-1）。

图3-1 泡罩塔外形

泡罩塔板是工业上应用最早的塔板，它主要由升气管及泡罩构成。泡罩安装在升气管的顶部，分圆形和条形两种，以前者使用较广。泡罩有$\phi 80mm$、$\phi 100mm$、$\phi 150mm$三种尺寸，可根据塔径的大小选择。泡罩的下部周边开有很多齿缝，齿缝一般为三角形、矩形或梯形。泡罩在塔板上为正三角形排列。

操作时，液体横向流过塔板，靠溢流堰保持板上有一定厚度的液层，齿缝浸没于液层之中而形成液封。升气管的顶部应高于泡罩齿缝的上沿，以防止液体从中漏下。上升气体通过齿缝进入液层时，被分散成许多细小的气泡或流股，在板上形成鼓泡层，为气液两相的传热和传质提供大量的界面。

泡罩塔板的优点是操作弹性较大，塔板不易堵塞；缺点是结构复杂、造价高，板上液层厚，塔板压降大，生产能力及板效率较低。泡罩塔板已逐渐被筛板、浮阀塔板所取代，在新建塔设备中已很少采用。

(二) 筛板塔

筛板塔是指塔板上气液接触元件为筛板的一种板式塔。筛板塔属于扎板塔的一种，内装若干层水平塔板，筛板上冲制有很多按等边三角形排列的小孔，形状如筛，并装有溢流管或没有溢流管。筛板塔简称筛板，根据孔径的大小分为小孔径筛板（孔径为3~8mm）和大孔径筛板（孔径为10~25mm）两类，孔距约3.25mm。

工业应用中以小孔径筛板为主，大孔径多用于某些特殊场合（如分离黏度大、易结焦的物系）。操作时，液体由塔顶进入，经溢流管（一部分经筛孔）逐板下降，并在板上积存液层。气体（或蒸汽）由塔底进入，经筛孔上升穿过液层，鼓泡而出，因而两相可以充分接触，并相互作用。

筛板塔外形一般为圆柱形，高径比比较大，显得比较高瘦（见图3-2右侧高

图3-2 筛板塔外形

塔），生产能力大；塔板压力降较低，适宜于真空蒸馏；塔板效率较高，但比浮阀塔稍低；合理设计的筛板塔具有较高的操作弹性，仅稍低于泡罩塔。筛板塔的结构简单、制造维修方便，缺点是小孔径筛板易堵塞，故不宜处理脏的、黏性大的和带有固体粒子的料液。

（三）浮阀塔

浮阀塔是指塔板上气液接触元件为浮阀的一种板式塔。浮阀塔是一种新塔型，其特点是在每个筛孔处安装一个可上下移动的阀片。当筛孔气速高时，阀片被顶起上升，气速低时，阀片因自身重而下降。阀片升降位置随气流量大小自动调节，从而使进入液层的气速基本稳定。又因气体在阀片下侧水平方向进入液层，既减少了液沫夹带量，又延长了气液接触时间。

浮阀塔于20世纪50年代初期在工业上开始推广使用，由于它兼有泡罩塔和筛板塔的优点，已成为国内应用最广泛的塔型，特别是在石油、化学工业中使用最普遍。浮阀塔有活动泡罩、圆盘浮阀、重盘浮阀和条形浮阀四种形式。塔结构简单，制造费用便宜，并能适应常用的物料状况，是化工、炼油行业中使用很广泛的塔型之一。

浮阀塔的外形一般为圆柱形，与筛板塔相比，高径比略大一些，显得比较粗大（见图3-3）。

浮阀塔具有以下优点。

① 生产能力大，由于塔板上浮阀安排比较紧凑，其开孔面积大于泡罩塔板，生产能力比泡罩塔板大20%～40%，与筛板塔接近。

② 操作弹性大，由于阀片可以自由升降以适应气量的变化，因此维持正常操作而允许的负荷波动范围比筛板塔、泡罩塔都大。

图3-3 浮阀塔外形

③ 塔板效率高，由于上升气体从水平方向吹入液层，故气液接触时间较长，而雾沫夹带量小，塔板效率高。

④ 气体压降及液面落差小，因气液流过浮阀塔板时阻力较小，使气体压降及液面落差比泡罩塔小。

⑤ 塔的造价较低，浮阀塔的造价是同等生产能力泡罩塔的50%～80%，但是比筛板塔高20%～30%。

但是，浮阀塔的抗腐蚀性较高（防止浮阀锈死在塔板上），所以一般采用不锈钢制成，致使浮阀造价昂贵，推广受到一定限制。随着各种新型、高效率塔板不断被研制出来，浮阀塔的推广受到一定限制。

知识点二、板式塔的工作原理

板式塔主要是利用沸点与密度的关系进行分离的设备。一般情况下，重组分的沸点较高，轻组分的沸点较低。

板式塔的工作原理见图3-4。操作时，液体以连续状态存在，属于连续相，气体以分散状态存在，属于分散相。物料（含有不同的组分液体）自板式塔中部进料口进料，在塔板上与塔顶的回流液混合，混合液在塔板上积存液层，形成液封，溢出的液体依靠重力作用，通过降液管逐板下降至塔底再沸器中，经过再沸器加热汽化，经汽化的热的塔釜液体由塔底进气口进入，靠压强差推动上升，通过塔板上的气体通道（气液接触元件）进入液层，被分散成许多细小的气泡或流股，重组分被液化进入液层，不能被液化的轻组分（沸点较低或饱和蒸气压较高的组分）继续穿过液层到达液面，然后向上依次穿过各塔板上的液层流向塔顶，气相中轻组分浓度逐渐升高，液相中的重组分浓度逐渐升高，从而实现分离。

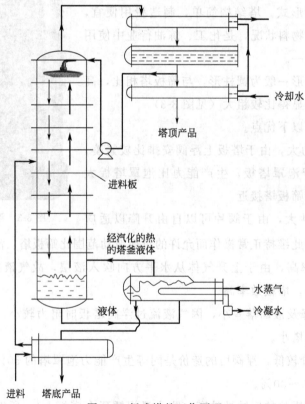

图3-4 板式塔的工作原理

知识点三、板式塔的开发与应用

板式塔的开发与应用已经有200多年的历史,最早的板式塔是泡罩塔,1813年由法国的Cellier-Blumental建造,用于乙醇蒸馏。筛板塔约于1832年开始用于工业生产,浮阀塔于20世纪50年代初开发并投入使用。

工业上,板式塔主要应用于液体混合物分离操作,如精馏、吸收、萃取,广泛用于石油、化工、轻工、食品、冶金等部门。在石油工业中,板式塔生产能力较大,操作弹性大,且造价低,检修、清洗方便,它的应用约占塔设备总数的80%以上,最典型的应用是石油精馏,塔型中以泡罩塔为主。

知识点四、板式塔的工业应用举例——多级精馏

精馏是一种利用回流使液体混合物得到高纯度分离的蒸馏方法,板式塔工业应用的典型例子是连续多级精馏(见图3-5)。连续多级精馏装置,每一级主要设备包括精馏塔、再沸器、冷凝器等。

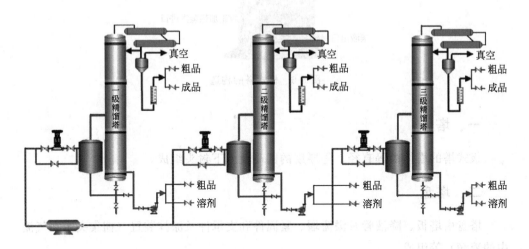

图3-5 板式塔三级精馏工艺流程图

石油精馏其实是多级蒸馏,即在一定压力下,利用互溶液体混合物各组分的沸点或饱和蒸气压不同,使轻组分(沸点较低或饱和蒸气压较高的组分)汽化,经多次部分液相汽化和部分气相冷凝,使气相中的轻组分和液相中的重组分浓度逐渐升高,从而实现分离。

【基本技能】

技能点一、板式塔的构造原理

板式塔的结构主要由塔体、支座、塔内件及塔附件四部分组成。其构造如图 3-6 所示。

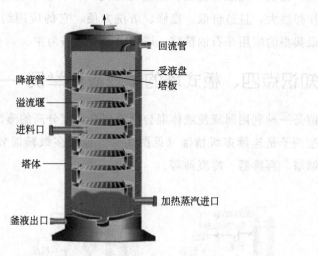

图 3-6　板式塔的构造

一、塔体

板式塔的塔体由等直径、等厚度的圆筒及上下封头组成。

二、塔盘

塔盘由塔板、降液管及溢流堰、紧固件和支承件及涂抹装置（捕集夹带在气流中的液滴）等组成。

（一）塔板

塔内装有多层水平塔板，每层塔板分为五个区域，分别是有效传质区、降液区、入口安定区、出口安全区、边缘固定区（见图 3-7）。

（二）溢流堰

溢流堰为塔板上液体溢出的结构，位于有效传质区的边缘，其作用：一是能在塔板上保持一定高度的液层并促使液体均匀分布，二是让超过堰高的含有气泡的液体流入降液区。溢流堰又可分为出口堰及入口堰。

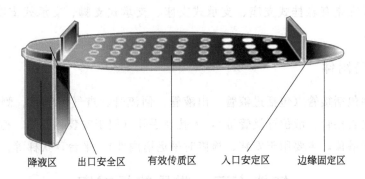

图 3-7 塔板结构示意图

溢流堰大多设置为弓形堰，一般堰长可取为塔径的 0.6～0.8 倍。出口堰一般用平堰，当流量很小时可采用齿形堰，堰的高度根据不同的板型以及液体负荷而定。入口堰主要是为了减少液体在入口处冲出而影响塔板液体的流动。

（三）降液管

降液管是板式塔中供液体在板间通过的通道，降液管位于降液区，常见的降液管有圆筒形和弓形两种。降液管的作用：一是将进入降液区的含有气泡的液体进行气液分离；二是使清液进入下一层塔盘的受液盘。降液管还具有分离气泡，减少板间气相返混的作用，因此需要保持液体在降液管内有一定的停留时间，一般要求容积不少于 3～5mL 的液体流量容积，液量特别大时，可略低于此值。管内的清液层高（由于压差平衡造成）度不超过整个降液管高度的 40%～60%，以免造成液泛。

（四）受液盘

塔板上接受上一块板流下的液体的部位称为受液盘，受液盘位于入口安定区。受液盘有凹形和平形两种形式。平形受液盘一般需在塔板上设置进口堰，以保证降液管液封，并使液体在板上分布均匀。设置进口堰既占用板面，又易使沉淀物淤积此处造成阻塞。采用凹形受液盘不须设置进口堰。凹形受液盘既可在低液量时形成良好的液封，又有改变液体流向的缓冲作用，且便于液体从侧线的抽出。

受液盘主要发挥两个作用：一是确保降液管流出的液体流入下一层塔盘；二是形成降液管出口处的液封，阻止下一层的气体通过降液管进入上一层塔盘。

三、支座

支座是指用以支承容器或设备的重量，并使其固定于一定位置的支承部件。支座的结构形式主要由容器自身的形式和支座的形状来决定，板式塔的为立式支座，常见的立式支座有悬挂式支座、支承式支座、支承式支脚、支承式支腿、裙式支座等。

四、塔附件

塔附件包括接管（包括进液管、出液管、回流管、进气出气管、侧线抽出管、取样管、仪表接管、液位计接管等），人孔及手孔（用于安装、检修、检查等），吊柱（安装于塔顶，主要用于安装、检修时吊运塔内件），平台，扶梯等。

技能点二、常见的板式塔

一、泡罩塔

（一）泡罩塔的定义

泡罩塔是塔板上气液接触元件为泡罩的板式塔。

（二）泡罩的构造特点

泡罩是气液接触主要元件，有80mm、100mm、150mm三种尺寸，可根据塔径的大小选择。

泡罩由中轴部位带有螺栓的升气管和中轴部位有孔、底缘有齿缝（一般为三角形、矩形或梯形）的泡罩帽两部分构成（见图3-8）。

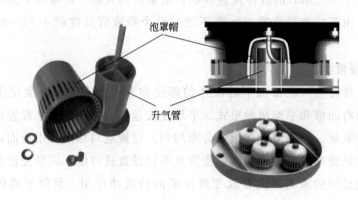

图3-8　泡罩的构造特点

泡罩塔板（见图3-9）在有效传质区内，按正三角形排列开有若干个小孔，用于安装泡罩。安装时，先将升气管固定在塔板的小孔上，然后将泡罩帽罩上，使中轴螺栓穿过泡罩帽，最后锁紧螺母，使泡罩帽固定。

一般情况下，泡罩塔板出厂时已经进行预装，总装前需要对泡罩塔板的泡罩逐个进行检查，保证升气管的顶部高于泡罩帽齿缝的上沿，以防止液体从中漏下。

图 3-9 泡罩塔板

（三）泡罩塔的使用特点

泡罩塔操作弹性大，能在较大负荷范围内保持高效率；吸收效果比较好；液气比范围大；适应多种介质，且不易堵塞；便于操作，稳定可靠。但塔板结构复杂，金属材料耗量大，造价高；气体流道曲折，塔板压降大；生产能力低，塔板效率比较低。

二、筛板塔

（一）筛板塔的定义

筛板塔是指塔板上气液接触元件为筛孔的板式塔。

（二）筛板的构造特点

筛板的构造特点见图 3-10。在塔板的有效传质区内，按正三角形排列开有若干个小孔，称为筛孔。筛孔是筛板塔的主要气液接触元件，筛板塔常用的塔板有

图 3-10 筛板的构造

小孔径筛板和和大孔径筛板两类,小孔径筛板孔径为3~8mm,大孔径筛板孔径为10~25mm,孔间距与孔径的比2.5~5。孔间距一般为3.25mm。工业应用中以小孔径筛板为主,大孔径多用于某些特殊场合(如分离黏度大,易结焦的物系)。

(三) 筛板塔的使用特点

筛板塔结构简单、制造维修方便;生产能力大,比浮阀塔还高;塔板压力降较低,适宜于真空蒸馏;塔板效率较高,但比浮阀塔稍低;合理设计的筛板塔具有较高的操作弹性,仅稍低于泡罩塔。筛板塔如果塔内气体流速太低,则塔板上液体会全部由筛孔流至下一塔盘,塔盘上无液层,只有当气体流速达到某一数值时,塔盘上才会形成液层,这就是所谓的"液封";当气速太大时,塔盘上会形成泡沫层,有雾沫夹带甚至产生液泛,造成传质传热效果不好,塔板效率急剧降低;小孔径筛板易堵塞,故不宜处理脏的、黏性大的和带有固体粒子的料液。

三、浮阀塔

(一) 浮阀塔的定义

浮阀塔是指塔板上气液接触元件为浮阀的板式塔。

(二) 浮阀塔的构造特点

浮阀塔的构造见图3-11。浮阀是气液接触主要元件,在塔板的有效传质区内,按正三角形排列开有若干个小孔,称为阀孔。阀孔有圆形或矩形,每孔之上安置可

图3-11 浮阀塔的构造

上下浮动的阀片，阀片有圆形、矩形、盘形等，有三只脚，阀片周围又冲出三块略微下弯的距片，保证阀片处于静止位置时仍能与塔板有一定间隙。阀片的标准重量有两种，轻阀约 25g，重阀约 33g。一般情况下用重阀，轻阀则用于真空操作或液面落差较大的液体进板部位。

安装时，先将阀片插入阀孔，然后将阀片的三个脚，扳弯成 90°，使脚板限制阀片，保证阀片在上升时不至于脱出。

浮阀的工作原理：由孔上升的气速达到一定值时，阀片被推起，阀片与塔板的间隙增大，通过的气量增大，但受脚钩的限制，推到最高也不能脱离阀孔。气体经阀片与塔板的间隙和板上横向流动的液体接触，均匀鼓泡，进行传质传热。当上升气流减小时，阀片下浮，间隙变小。当阀孔气气速减小则阀片落到板上，靠阀片底部三处突出物支承住，仍与板面保持约 2.5mm 的距离，阀片升降位置随气流量大小自动调节，从而使进入液层的气速基本稳定。

（三）浮阀塔使用特点

浮阀塔是一种新塔型，是在克服泡罩塔缺陷的基础上发展起来的鼓泡式接触装置。

（1）浮阀塔的优点

① 浮阀塔操作弹性大，浮阀的阀片可以浮动，随着气体负荷的变化而调节其开启度，因此，浮阀塔的操作弹性大，特别是在低负荷时，仍能保持正常操作。浮阀塔的生产能力比泡罩塔高 20%～40%，与筛板塔接近。

② 气体在塔盘上以水平方向吹进液层，雾沫夹带小，塔板效率比泡罩塔高 15% 左右。

③ 浮阀塔结构简单，制造容易，检修方便，其造价只有泡罩塔的 60%～80%，并能适应常用的物料状况，是化工、炼油行业中使用最广泛的塔型之一。

（2）浮阀塔的缺点

① 蒸汽沿着上升蒸汽孔的周围喷出，仍然有液体的逆向混合，因而会降低传质效率。

② 阀片容易卡住，影响其自由开启。

目前国内常用的是 F1 型（相当于国外的 V-1 型）浮阀，条形浮阀也开始受到注意。

技能点三、塔设备的拆装规范简介

一、塔体安装规范

现行的塔体安装规范《化工塔类设备施工及验收规范》，编号 HGJ 211—

1985，属于行业标准，即中华人民共和国化学工业部部颁标准，主编部门：化学工业部第十一化工建设公司；批准部门：化学工业部；实行日期：1985年10月1日。

《化工塔类设备施工及验收规范》共分六章：

第一章规定了本规范的适用范围及通用要求；

第二、三、五章对塔体安装、塔内件安装、压力试验的技术要求作了规定；

第四章对钢制塔设备的现场组装及返修工程作了基本规定；

第六章系工程验收的基本要求。

规范附有安装与组装的常用数据及交工文件格式两个附录。《化工塔类设备施工及验收规范》，HGJ 211—1985，《塔类设备维护检修规程（试行）》，SHS 01007—1992。

二、塔体维护规范

SHS 01007—2004 塔类设备维护检修规程，HGJ 1011—1979 化工厂塔类维护检修规程。

1. 简述塔设备的作用、分类、一般构造以及对塔设备的基本要求。
2. 常见板式塔的类型有哪些？各有何特点？
3. 为什么要安装除沫装置？常用的除沫装置有哪些？各有什么特点？
4. 常用板式塔种类有哪些？各有什么特点？
5. 板式塔由哪些部分组成？塔盘结构有哪几种？各有什么作用？它们之间的区别是什么？
6. 塔设备日常检查项目有哪些？

任务二　填料塔的拆卸与安装

一、任务名称

填料塔上部塔节的拆卸与安装

二、达成目标

运用所学知识,能对填料塔进行拆卸与安装。

三、任务内容

(一) 填料塔上部塔节的拆卸

①上封头的拆卸;②除沫器的拆卸;③液体分布器的拆卸;④填料压紧装置的拆卸;⑤填料的拆卸;⑥栅板的拆卸。

(二) 填料塔上部塔节的安装

①栅板的安装;②填料的安装;③填料压紧装置的安装;④液体分布器的安装;⑤除沫器的安装;⑥上封头的安装。

四、任务实施

(一) 设计施工方案

1. 编制依据,主要涉及的国家标准、行业标准等。
2. 工程概况,主要指在施工程项目的基本情况。
3. 技术方案,主要指施工步骤或流程,画出施工图。
4. 施工安全及注意事项。

(二) 施工准备

1. 材料准备。制定设备物料需求方案,填写物料领用表单,办理物料领用手续。
2. 工具准备。制定工具需求方案,填写工具领用表,办理工具领用手续。

(三) 实施操作

以小组为单位,分工明确合理,相互配合,合作完成施工任务。

(四) 结束工作

1. 按5S管理要求进行:即整理、整顿、清扫、清洁、素养。
2. 按照借据核对设备工具数量,并办理材料和工具归还手续。
3. 填写实训报告。

五、完成工作任务的条件

(一) 知识准备

学习填料塔的基础知识,包括填料塔的定义及分类、填料塔的工作原理、填料塔的开发与应用、填料塔的工业应用,了解填料塔的类型;理解填料塔的工作原理和操作原理。

(二) 技能准备

学习填料塔的基本技能,包括填料塔的构造原理、常见的填料塔、填料塔的拆装基本要求。

1. 教学流程图

2. 流程说明

(1) 资讯　课前通过学习平台上传学案，学生根据学案及教材学习了解填料塔基础知识、基本技能，在此基础上，通过互联网收集填料塔相关资料（包括文档资料、图片资料、视频资料），并归纳整理。

(2) 计划　学习小组根据学案组织交流、讨论，厘清相关概念，设计填料塔的拆卸与安装施工方案，编写设计说明书，作为小组成果提交班级讨论。

(3) 决策　教师挑选2~3个有代表性的施工方案，组织全班学生论证，教师点评，通过学生表决方式确定最佳设计方案。

(4) 实施　学习小组根据最佳设计方案对小组的设计方案进行调整，按调整好的方案进行现场施工。

(5) 检查　教师巡视，现场指点

(6) 评价　拆卸完成后进行阶段评价：组织小组长进行互评。安装结束后，进行总结评价：按5S要求，组织学生自评、互评，并量化打分，教师根据实际情况量化打分。

知识点一、填料塔的定义及发展历史

一、填料塔的定义

填料塔是塔设备的一种，以塔内的填料作为气液两相间接触构件，以连续方式进行气、液传质的设备。

二、填料塔的发展历史

填料塔的使用已经有100多年的历史，1914年瓷质拉西环的问世，标志着第一代乱堆填料的诞生，1937年出现了斯特曼（Stedman）金属丝网规整填料，使填料和填料塔又进入了规整填料发展时期。20世纪70年代以前，在大型塔器中，板式塔占有绝对优势。

20世纪70年代初能源危机的出现，突出了节能问题。随着石油化工的发展，填料塔日益受到人们的重视，此后的20多年间，填料塔技术有了长足的进步，涌现出不少高效填料与新型塔内件，特别是新型高效规整填料的不断开发与应用，冲击了蒸馏设备以板式塔为主的局面，且大有取代板式塔的趋势。最大直径规整填料塔已达14~20m，结束了填料塔只适用于小直径塔的历史。这标志着填料塔的塔填料、塔内件及填料塔本身的综合设计技术进入了一个新阶段。

20世纪80年代末，新型填料的研究始终十分活跃，尤其是新型规整填料不断涌现，所以当时有人说是规整填料的世界。但就其整体来说，塔填料结构的研究又始终是沿着两个方面进行的，即同步开发散堆填料与规整填料；进行填料材质的更换，以适应不同工艺要求，提高塔内气液两相间的传质效果，以及对填料表面进行适当处理，以改变液相在填料表面的润湿性。

20世纪90年代后，填料的发展较慢，仿佛进入一个相对稳定期，或者说是处于巩固阶段。填料领域最多的发展还是在气液分布器方面。今后填料塔的发展仍应归结到以下三个方面：新型填料及塔内件的开发、填料塔的性能研究和填料塔的工业应用。

知识点二、填料塔的工作原理

填料塔属于连续接触式气液传质设备，利用气体组分在液体中的溶解性不同，两相组成沿塔高连续变化，从而进行分离的设备。工业上，填料塔广泛应用于气体吸收、蒸馏、萃取等操作。图3-12是烟道气湿法脱硫工艺示意图，是填料塔用于吸收的典型工艺流程。

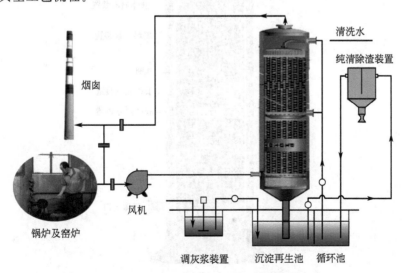

图3-12 烟道气湿法脱硫工艺示意图

操作时，含硫的烟道气以连续状态存在，属于连续相，清洗水以分散状态存在，属于分散相。待分离的含硫的烟道气通过风机由塔底进气口沿切向进入，液体自塔上部进入，通过液体喷淋装置均匀喷淋到填料上，利用自身的重力作用，沿填料表面流下。含硫的烟道气经气体分布装置（小直径塔一般不设气体分布装置）分布后，与液体呈逆流，连续通过填料层的空隙。在此过程中，气体中的目标组分硫氧化物、粉尘等进入液体，由塔底排出，剩余的非目标气体组分（氧气、氮气等）从塔上部排出，从而实现分离的目的。

由于液体沿填料层向下流动时，有逐渐向塔壁集中的趋势，使得塔壁附近的液流量逐渐增大，这种现象称为壁流。壁流效应造成气液两相在填料层中分布不均，从而使传质效率下降。因此，当填料层较高时，需要进行分段，中间设置再分布装置。液体再分布装置包括液体收集器和液体再分布器两部分，上层填料流下的液体经液体收集器收集后，送到液体再分布器，经重新分布后喷淋到下层填料上。

【基本技能】

技能点一、填料塔的构造原理

填料塔属于立式设备，由塔体、塔内件、支座、附件等部分组成，填料塔的构造见图 3-13。

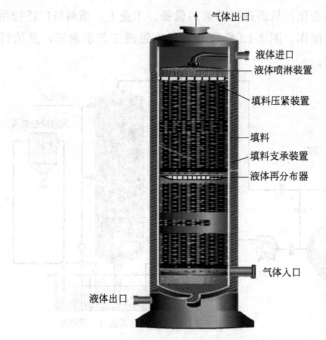

图 3-13　填料塔的构造示意图

一、塔体

塔体即塔设备的外壳,常见的塔体由等直径、等厚度的圆筒及上下封头组成。筒体一般为圆柱形,多用钢板卷制焊接而成,如果塔内处理的物料有较强的腐蚀性,筒体也可以用陶瓷或塑料等材料。

二、塔内件

塔内件是填料塔的组成部分,主要包括填料、填料压紧装置、填料支承装置、液体分布器、液体再分布器、气体分布装置及除沫器等。

三、支座

支座是指用以支承容器或设备的重量,并使其固定于一定位置的支承部件。填料塔属于高大型或重型立式容器,填料塔最常用的支座形式为裙座,裙座有圆筒形和圆锥形两种形式。

四、附件

附件是指组成填料塔的其他零件或部件。填料塔的附件主要包括人孔、手孔、连接法兰、接管、扶梯、平台和保温层等。

技能点二、填料塔的主要塔内件

一、填料

(一)填料的定义及特性

填料是装于填料塔的惰性固体物料,属于气液接触的主要元件,其作用是增大气-液的接触面,使其相互强烈混合。填料具有以下五个方面的特性。

1. 分离效率方面

填料应具有尽可能大的比表面积、优异的几何形状、良好的润湿性能。

2. 处理能力方面

填料的孔隙率要大,即单位体积干填料净空间所占百分数要大。

3. 流动阻力方面

气体通过填料层的阻力要小,即填料表面应有较好的液体均匀分布性能,避免沟流和壁流现象;对吸收剂有较好的润湿性,保证压力降均匀,使气体在填料层中均匀流动无死角。

4. 力学性能方面

填料应具有较高的机械强度，即具有耐介质腐蚀性和化学稳定性。

5. 经济性能方面

填料来源广泛，价格低廉；制造、维修方便。

（二）填料的种类

1. 我国目前使用的填料种类

我国目前使用的填料种类大致可以分为以下三大类。

第一类为定型固定式填料，主要是斜管填料，斜管填料又称六角蜂窝填料，主要用于各种沉淀和除砂排泥。近十年来在给排水工程中应用最广泛而且成为一项水处理装置。

第二类为悬挂式填料，如软性填料、半软性填料、弹性立体填料、组合填料等。软性纤维填料是一种生物接触氧化法和厌氧发酵法处理废水的新型生物膜载体。

第三类为堆积式、悬浮式填料，即分散式填料，如鲍尔环、阶梯环、空心球、悬浮粒子等。

2. 填料塔使用的填料类型

填料塔使用的填料根据塔内填料的放置方式可分为散堆填料和规整填料。

（1）散堆填料　散堆填料也称乱堆填料，是具有一定几何形状和尺寸的颗粒体，在塔内以散堆的方式堆积（见图 3-14）。常见的散装填料有拉西环、鲍尔环、阶梯环、金属环矩鞍环等。

图 3-14　散堆填料

① 拉西环　拉西环是最早开发的一种填料,是外径和高度相等的空心圆柱体(见图 3-15)。可用塑料、金属和陶瓷等制成。

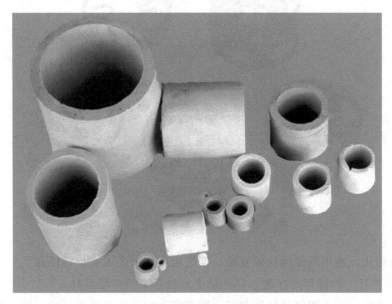

图 3-15　拉西环

拉西环的堆积方式既可以散堆又可以规整。一般直径在 75mm 以下的拉西环采用乱堆方式;直径大于 100mm 的拉西环多采用规整方式,以降低流体阻力。为提高抗压能力,通常是下层采用大尺寸的拉西环规整,上层采用小尺寸的拉西环乱堆。

拉西环的优点是,结构简单、价格便宜、使用经验丰富;缺点是,阻力大、通量小,传质效率低,同时还存在着严重的壁流现象,塔径愈大,填料层愈高,则壁流现象愈严重,致使传质效率显著下降,目前在生产中拉西环已基本被淘汰。

② 鲍尔环　鲍尔环是在拉西环的基础上改进的环形填料,是外径和高度相等的空心圆柱体(见图 3-16)。鲍尔环是在金属或塑料拉西环的壁上开一排或两排矩形孔,孔的叶片一端与壁相连,另一端弯向环心,在中心处相搭,上下排矩形孔的位置相错。

鲍尔环堆积方式与拉西环一样,既可以散堆又可以整砌。

鲍尔环的优点是,由于环壁开孔,大大提高气液接触面积,内表面利用率增加,且使气体流动阻力降低,液体分布也较均匀,液体分散度大,通量提高,因此,鲍尔环比拉西环的传质效率高,操作弹性大,而气体压降明显降低。缺点是,

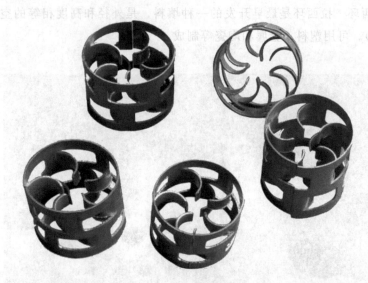

图 3-16 鲍尔环

与拉西环相比,鲍尔环结构比较复杂,制造难度加大,因而价格较高。

③ 阶梯环　阶梯环是在鲍尔环基础上发展起来的新型填料。

阶梯环的一端为圆筒形的鲍尔环,圆筒部分的高度仅是直径的一半,另一端为翻边的喇叭口形。可用塑料、金属和陶瓷等制成(见图 3-17)。

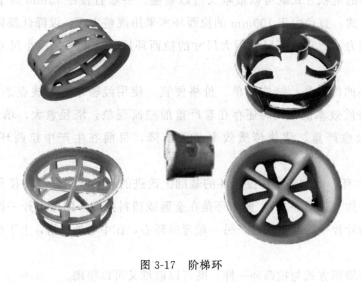

图 3-17 阶梯环

阶梯环的堆积方式是散堆。

阶梯环的优点是,其高径比仅为鲍尔环的一半,并在环的一端增加了锥形翻边,这样减少了气体通过床层的阻力,增大了通量,填料的强度也较高,由于其结构特点，使填料层内填料间多呈点接触。这样既增大了空隙率、减少了压降，而且又构成了液体沿填料表面流动的汇集或分散点，促进液膜表面更新和液体混合作用，使气液分布均匀，增加了气液接触表面而提高了传质效率，既保留了鲍尔环处理能力大、压降小、比表面大的特点，又继承了弧形而使液体易于分散、均匀成膜的优点，而且强度更乱，是一种开敞结构、综合性能较好的新型填料。缺点是价格较高。

阶梯环是目前使用的环形填料中性能最为良好的一种，广泛用于石油、化工、氯碱、煤气、环保等行业的填料塔器中。

④ 金属环矩鞍环　金属矩鞍环又叫英特洛克斯填料，是美国诺顿公司开发的一种新型填料，金属矩鞍环可用碳钢和不锈钢等材料制成。

金属矩鞍环填料介于环形与鞍形之间，在鞍形基础上增强了环形筋，冲出了几个小爪（见图3-18）。

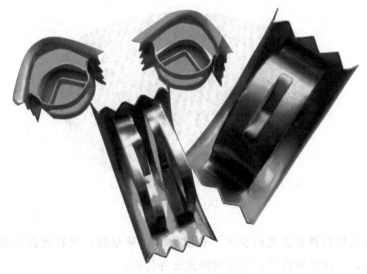

图3-18　金属环矩鞍填料

金属矩鞍环的堆积方式是散堆。

金属矩鞍环的优点是巧妙地把环形和鞍形两类填料的特点综合成为一体，环形筋可以有效避免重叠，保证了一定的强度与刚性，冲出的小爪，增强了搅动，强化了传质，从而产生了独特的性能，既有环形填料通量大的特点，又有鞍形填料液体分布性能好的特点。

用金属环矩鞍填料装备新填料塔，其高度比板式塔降低35%，直径减小30%，或提高效率10%～30%，减少压力损失20%～60%，金属矩鞍环是现今最优秀的散堆填料之一，适用于石油、化工、氯碱、煤气、冶炼、环保、电力等企业，不锈钢矩鞍环应用于原油减压蒸馏，高真空蒸馏，烯径分离，异构体分离，萃取蒸馏等。

(2) 规整填料　规整填料也称结构填料，是由丝网、薄板或栅格等构件制成的具有一定几何形状的单元体，在塔内规则、整齐地排放。它人为规定了气液流路，克服了散堆填料堆放的随机性，改善了壁流现象，大大改善了填料层内气液两相的分布状况，从而具有更为优越的流体力学性能和传质性能。常见的规整填料有金属规整填料，可采用不锈钢、铜、铝、纯钛、钼和钛等材质制作。目前还开发出塑料规整填料、陶瓷规整填料和碳纤维规整填料等新型规整填料。

① 金属规整填料

a. 丝网波纹填料　丝网波纹填料是由压成波纹的丝网片排列而成的圆盘状填料（见图3-19），波纹片倾角30°或50°，相邻两波纹片方向相反，在塔内填装时，上下两人盘填料交错90°。

图 3-19　丝网波纹填料

丝网波纹填料具有比表面积大、孔隙率大、重量轻；气相通路倾角小、有规则、压降低；径向扩散良好、气体接触充分等特点。

b. 金属孔板波纹填料　金属孔板波纹填料是在金属薄板表面打孔、轧制小纹、大波纹最后组装而成的（见图3-20）。金属孔板波纹填料具有阻力小，气液分布均匀，效率高，通量大，放大效应不明显等特点，应用于负压、常压和加压操作。

金属孔板波纹填料保持了金属丝网波纹填料的结构特点，改用表面有沟纹的孔板制成，增加了液体的均布和填料润湿性能，提高了传质效率。每盘单元高度为50～200mm，直径超过1.5m，填料制成分块形式。金属孔板波纹填料在精馏、吸收、萃取等单元操作中广泛应用，是适用于化工、化肥、炼油、石油化工、天然气等工业的通用性高效规整填料。

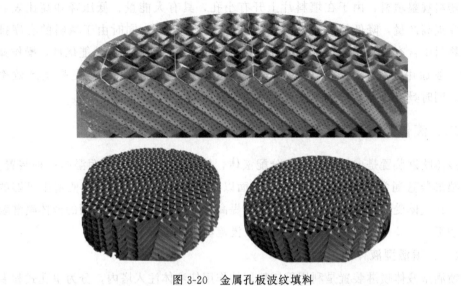

图 3-20 金属孔板波纹填料

c. 刺孔波纹填料　刺孔波纹填料是将斜金属薄板先碾压出密度很高的小刺孔，再压成波纹板片组装而成的规整填料。由于表面有特殊的刺孔结构，提高了填料的润滑性能，并能保持金属丝网波纹填料的性能。

② 塑料规整填料　塑料规整填料是指用塑料代替金属而制成的具有一定几何形状的单元体，能够在塔内规则、整齐地排放的规整填料。主要材质为聚丙烯材质和玻璃纤维增强聚丙烯材质塑料。具有耐化学腐蚀性强，耐次氯酸钠氧化、耐强酸、碱溶液腐蚀等优点。塑料规整填料有蜂窝斜管、蜂窝直管和塑料板波纹、丝网波纹填料等，如图 3-21 所示。

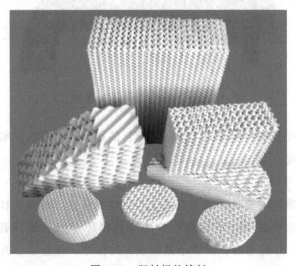

图 3-21 塑料规整填料

塑料规整填料，由于在填料片上开有小孔，具有大能量、低压降和高比表面积，在提高产量，降低能耗，提高效率上有较大的优势。同时由于填料的有序排列，物料中含有的固相颗粒可通过填料的波纹底排出，因此抗堵性能优良，操作弹性比一般通用塔器大，取代散装塔填料，可提高生产能力5%，提高生产效率50%。同时具有质轻、价廉的特点，适用大容积塔器。

二、液体喷淋装置

液体喷淋装置是向填料层均匀分配液体，使填料表面能全部润湿的一种装置。液体喷淋装置通常安装在塔顶填料层表面以上150～300mm处，以便留出足够的空间，让气体受约束地穿过喷淋装置，以提高分离效果。工业上应用的液体喷淋装置类型很多，按操作原理可分为喷洒型、溢流型、冲击型等。

（一）喷洒型液体喷淋装置

喷洒型液体喷淋装置是利用管道静压的作用使液体注入塔内，分为单孔式和多孔式。

1. 单孔式液体喷淋装置

单孔式液体喷淋装置是一种在塔顶进料管装有单孔喷嘴的装置，有弯管式和缺口式两种形式（见图3-22）。这种装置液体分布均匀，结构简单，但喷淋面积小且不均匀，只适用于直径小于300mm的塔。

图3-22 单孔式液体喷淋装置

这种结构形式并不常用，只用于乱堆填料的点源分布或实验室塔柱的液体分布以及进料（或回流）管。

2. 多孔式液体喷淋装置

多孔式液体喷淋装置是一种装有多孔式喷嘴的装置，有管式和喷头式形式。

（1）环管多孔喷淋器　环管多孔喷淋器是在环管的下部开有3～5排孔径为3～8mm的小孔，开孔总面积与管子截面积大约相等。环管中心圆直径一般为塔径的0.6～0.8倍（见图3-23）。

图 3-23　多孔式液体喷淋装置

优点：环管多孔喷淋器结构较简单，喷淋均匀度比直管好，适用于直径小于 1200mm 的塔设备。

（2）排管式喷淋器　排管式喷淋器由液体进口主管和多列排管组成（见图 3-24）。主管将进口液体分流给各列排管。每根排管上开有 1~3 排布液孔，孔径为 $\phi 3$~$\phi 5$mm。

图 3-24　排管式喷淋器

排管式喷淋器一般采用可拆连接，以便通过人孔进行安装和拆卸。排管式喷淋器可提供良好的液体分布，适用于塔径大于 1200mm 的塔设备。当液体负荷过大时，液体高速喷出，易形成雾沫夹带，影响分布效果，且操作弹性不大。

（3）莲蓬头式喷淋器　莲蓬头式喷淋器一般由球面构成（见图 3-25）。通常取莲蓬头直径为塔径的 1/5~1/3，球面半径为莲蓬头直径的 0.5~1.0 倍，喷洒角≤80°，小孔直径为 3~10mm。莲蓬头式喷淋器一般用于直径小于 0.6m 的塔。

莲蓬头式喷淋器的优点是，结构简单，安装方便；缺点是易堵塞。

（二）溢流型液体喷淋装置

溢流型液体喷淋器是利用管板上液体静压，进入布液器的液体超过堰的高度时，依靠液体的自重通过堰口流出，并沿着溢流管壁呈膜状流下，淋洒至填料层上

化工设备

图 3-25　莲蓬头式喷淋器

的一种喷淋装置，主要有盘式和槽式两种类型。

1. 盘式喷淋器

盘式喷淋器的喷头为圆盘状，如图 3-26 所示。盘式喷淋器降液管一般按正三角形排列。为了避免堵塞，降液管直径不小于 15mm，管子中心距为管径的 2～3 倍。分布盘的周边一般焊有三个耳座，通过耳座上的螺钉，将分布盘支承在支座上。拧动螺钉，还可调整分布盘的水平度，以便液体均匀地淋洒到填料层上。

图 3-26　盘式喷淋器

操作时，液体从中央进液管加到分布盘内，超过降液管堰高时，沿降液管壁呈膜状流下，淋洒至填料层上；气体由分布盘与塔壁之间的间隙或升气孔通过。

盘式喷淋器的优点是操作弹性大，不易堵塞，操作可靠且便于分块安装。缺点是制造比较麻烦。

2. 槽式喷淋器

槽式喷淋器由分配槽和若干个喷淋槽组成，如图 3-27 所示。

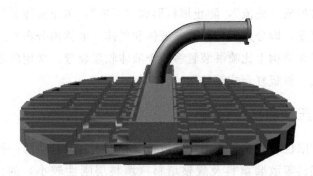

图 3-27 槽式喷淋器

操作时,液体由上部进液管进入分配槽,漫过分配槽顶部缺口流入喷淋槽,喷淋槽内的液体经槽的底部孔道和侧部的堰口分布在填料上。分配槽通过螺钉支承在喷淋槽上,喷淋槽用卡子固定在塔体的支持圈上。

槽式喷淋器分配槽的两侧开有矩形或三角形堰口。各堰口的下缘位于同一水平面上,其下部可储存固体颗粒;上部为敞开结构,易于检修时清理。槽式喷淋器的液体分布均匀,处理量大,操作弹性好,抗污染能力强,适应的塔径范围广,是应用比较广泛的液体分布装置。缺点是槽式分布器结构复杂,制造较难。

(三)冲击型液体喷淋装置

冲击型液体喷淋器由中心管和反射板组成。反射板可做成平板、凸板和锥形板等形状,为了使填料层中央部分有液体喷淋,在反射板中央钻有小孔。当液体喷淋均匀性要求较高时,还可由多块反射板组成宝塔式喷淋器。因此,常见的冲击型液体喷淋器有反射板液体喷淋器和宝塔式液体喷淋器。

三、液体再分布器

液体再分布器是填料塔内将液体收集并重新分布的装置(见图3-28),防止液

图 3-28 液体再分布器

体流过填料层时形成"壁流",防止填料形成"干堆",防止液体和气体流过填料层时出现径向浓度差,即分别混匀并均布液体和气体。液体再分布器的设计原理与喷淋装置相同,但在结构上比喷淋装置多一个液体收集装置。常用的液体再分布器有槽式、升气管式、斜板复合式等结构。

四、填料压紧和限位装置

填料压紧和限位装置是防止上升气流将填料层吹乱、松动的一种装置。限位装置用于金属、塑料等散装填料及规整填料(填料层刚性较小)的压紧器(压板)(见图3-29);压紧装置用于陶瓷、石墨等脆性散装填料(填料层刚性大、不会压变形和压薄)。常见的填料压紧和限位装置有栅板式和网板式。

图3-29 填料压紧和限位装置

五、填料支承装置

填料支承装置是指用来支承塔内填料的装置,填料支承装置不仅要支承塔内填料及其所持有的气体和液体的重量。而且还要使气、液两相能顺利通过,因此填料支承装置不仅要有足够的强度和刚度,还要有足够的自由截面积,同时制造、安装维修要方便。常用的填料支承装置有栅板型、格栅板型、驼峰型、孔管型等。

(一)栅板型填料支承装置

栅板型填料的支承装置通常由若干竖立的扁钢组焊成型(见图3-30)。栅板间距一般为散堆填料环外径的 0.6~0.8 倍。当塔径小于 350mm 时,栅板可直接焊在塔壁上;当塔径为 400~500mm 时,栅板需搁置在焊于塔壁的支持圈上;当塔体直径较大时,栅板不仅需搁置在支持圈上,而且支持圈还得用支持板来加强。若塔径不大($D \leqslant 500mm$),可采用整块式栅板,塔径较大时,宜采用分块式栅板。

图 3-30　栅板型填料的支承装置

栅板外径比塔内径小 10～40mm。分块式中每块栅板的宽度为 300～400mm，以便从人孔送入塔内进行组装。

栅板支承结构简单，强度较高，是填料塔应用较多的支承结构，缺点是栅板自由截面积较小，气速较大时易引起液泛，且塔内组装时，各块之间常有卡嵌现象。

（二）格栅板型填料支承装置

格栅板型填料支承装置由格条、栅条以及边圈组成。格栅板通常由碳钢制成（见图 3-31）。

图 3-31　格栅板型填料支承装置

当介质腐蚀性较大时，可采用不锈钢制造。格栅板适用于规整填料的支承。

（三）驼峰型填料支承装置

驼峰型填料支承装置全称梁型气体喷射式填料支承板，也称驼峰式填料支承、驼峰支承板（见图 3-32），产品可由不锈钢以及碳钢，塑料聚丙烯、玻璃纤维增强型聚丙烯、氯化聚氯乙烯（CPVC）等材质加工而成，以适应不同的耐温、耐化学腐蚀介质要求。

图 3-32 驼峰型填料支承装置

驼峰型填料支承装置可用于根据塔径大小,由一定单元开孔波纹组合而成的综合性能优良的散堆填料支承板,由若干条支承梁元件组装而成。

驼峰型填料支承装置为可拆结构,能从人孔进入塔内。支承板由多块梁型支承板拼装而成,支承板刚性好,允许载荷大,能可靠地支承加于其上的各种压力;填料颗粒或碎片不易堵塞孔口,对于小于 DN25 的填料可在支承板上先整砌一层 30mm 高的填料,再堆入小填料;质量轻、节省材料。单体组合式结构,便于从人孔安装。驼峰支承板用于填料吸收塔、洗涤塔、蒸馏塔等。

【思考与练习】

1. 常用的填料有哪几种?各有什么特点?
2. 为什么要对填料层分段?
3. 支承板的作用是什么?液体再分布装置的作用是什么?
4. 板式塔与填料塔比较有什么不同?各有何优点?
5. 如何对塔设备进行日常维护?
6. 塔设备检修前应做哪些准备?

项目四 釜式反应器的拆卸与安装

【核心概念】

釜式反应器是指为化学反应提供反应空间和反应条件，实现液相单相反应过程和液-液、气-液、液-固、气-液-固等多相反应过程，用于完成化学反应的反应设备。釜式反应器主要由釜体、搅拌装置、换热装置和轴封四大部分组成。釜式反应器的拆卸与安装是指采用现场方式，以小组为单位，讨论制定施工方案，根据最终确定的施工方案，对釜式反应器进行拆卸，经过验收后，再进行组装，恢复原样。

【学习目标】

知识与能力　1. 了解釜式反应器的构造特点及主要附件。
　　　　　　2. 会对釜式反应器进行拆卸与安装。
过程与方法　1. 通过小组合作，设计釜式反应器拆卸与安装方案。
　　　　　　2. 通过对釜式反应器的拆卸与安装，学习并掌握课程知识。
情感与态度　培养爱岗敬业的职业素养，发扬精益求精的工匠精神。

【项目说明】

一、项目概况

（一）项目名称

釜式反应器的拆卸与安装

（二）项目内容

1. 釜式反应器搅拌装置的拆卸与安装。

2. 釜式反应器釜体的拆卸与安装。

二、项目实施计划

（一）项目实施计划时间安排

完成项目的总时间为10课时,其中方案制定4课时,方案确定1课时,方案实施4课时,任务评价1课时。

(二)实施项目保证措施

项目实施地点:化工实训室,学校提供所需设备及必要的工具。

任务 釜式反应器搅拌装置、釜体的拆卸与安装

【任务导入】

一、任务名称

釜式反应器搅拌装置、釜体(上封头)的拆卸与安装

二、达成目标

能正确拆卸与安装釜式反应器搅拌装置和釜体(上封头)。

三、任务内容

(一)釜式反应器搅拌装置、釜体的拆卸

①传动装置的拆卸;②釜体(上封头)的拆卸;③搅拌轴的拆卸;④搅拌器的拆卸。

(二)釜式反应器搅拌装置、釜体的安装

①搅拌器的安装;②搅拌轴的安装;③釜体(上封头)的安装;④传动装置的安装。

四、任务实施

(一)设计施工方案

1. 编制依据,主要涉及的国家标准、行业标准等。

2. 工程概况,主要指在施工程项目的基本情况。

3. 技术方案,主要指施工步骤或流程,画出施工图。

4. 施工安全及注意事项。

(二)施工准备

1. 材料准备。制定设备物料需求方案,填写物料领用表单,办理物料领用手续。

2. 工具准备。制定工具需求方案,填写工具领用表,办理工具领用手续。

(三)实施操作

以小组为单位,分工明确合理,相互配合,合作完成施工任务。

(四)结束工作

1. 按5S管理要求进行:即整理、整顿、清扫、清洁、素养。

2. 按照借据核对设备工具数量,并办理材料和工具归还手续。

3. 填写实训报告。

五、完成工作任务的条件

(一) 知识准备

学习釜式反应器的基础知识,包括釜式反应器的定义及分类、釜式反应器的工作原理、釜式反应器的开发与应用;理解釜式反应器的操作特点。

(二) 技能准备

学习釜式反应器的基本技能,包括釜式反应器的构造原理、釜式反应器的拆装基本要求。

1. 教学流程图

2. 流程说明

(1) 资讯　课前通过学习平台上传学案,学生根据学案及教材学习了解釜式反应器基础知识、基本技能,在此基础上,再通过互联网收集釜式反应器相关资料(包括文档资料、图片资料、视频资料),并归纳整理。

(2) 计划　学习小组根据学案组织交流、讨论,厘清相关概念,设计釜式反应器的拆卸与安装施工方案,编写设计说明书,作为小组成果提交班级讨论。

(3) 决策　教师挑选 2~3 个有代表性的施工方案,组织全班学生论证,教师点评,通过学生表决方式确定最佳设计方案。

(4) 实施　学习小组根据最佳设计方案对小组的设计方案进行调整,按调整好的方案进行现场施工。

(5) 检查　教师巡视,现场指点。

(6) 评价　拆卸完成后进行阶段评价:组织小组长进行互评。安装结束后,进行总结评价:按 5S 要求,组织学生自评、互评,并量化打分,教师根据实际情况量化打分。

知识点一、化工反应设备的定义及分类

一、化工反应设备定义

反应设备是指为化学反应提供反应空间和反应条件,用于完成化学反应的装置。反应设备有足够的反应容积，以保证设备具有一定的生产能力，保证物料在设备中有足够的停留时间，使反应物达到规定的转化率；有良好的传质功能，使反应物料之间或催化剂之间达到良好的接触；有良好的传热性能，能及时有效地输入和引出热量，保证反应过程在最适宜的操作温度下进行；有足够的机械强度和耐腐蚀能力，运行可靠，经济适用。

二、反应设备的类型

在化工生产中，化学反应的种类很多，操作条件差异很大，物料的聚集状态也各不相同，使用反应器的种类也是多种多样。

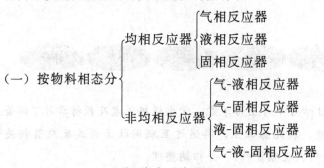

在化工生产中，最常见反应设备是釜式反应器，这是本项目学习的重点。

知识点二、釜式反应器的概念

一、釜式反应器定义

釜式反应器是一种低高径比的圆筒形反应器，用于实现液相单相反应过程和液-液、气-液、液-固、气-液-固等多相反应过程，是化学反应设备的一种类型。

釜式反应器的特点是结构简单、加工方便、传质、传热效率高，温度浓度分布均匀，操作灵活性大，便于控制和改变反应条件，适合于多品种、小批量生产。适应于各种不同相态组合的反应物料（如均液相、非均液相、液固相、气液相、气液固相等),几乎所有有机合成的单元操作(如氧化、还原、硝化、磺化、卤化、缩合、聚合、烷基化、酰化、重氮化、偶合等),只要选择适当的溶剂作为反应介质,都可以在釜式反应器内进行。

二、釜式反应器的特点

釜式反应器(也称搅拌釜式反应器或锅式反应器),是各类反应器中结构较为简单且应用较广的一种。

釜式反应器具有进行原料混合和搅拌的性能;通过对参加反应的介质进行充分搅拌,使物料混合均匀;强化传热效果和相间传质;使气体在液相中作均匀分散;使固体颗粒在液相中均匀悬浮;使不相容的另一液相均匀悬浮或充分乳化,操作方便,易于安装、维护和检修。

三、釜式反应器的工作原理

釜式反应器通常带设置夹套,作用是给釜内反应溶媒进行换热,夹套内一般根据需要通上不同的冷热源(冷冻液、热水或热油)做循环加热或冷却反应。

釜式反应器的工作原理见图 4-1。

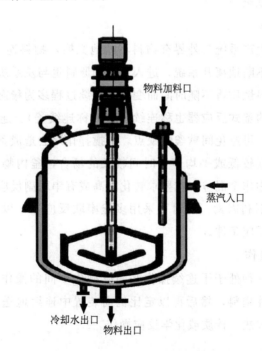

图 4-1　釜式反应器的工作原理

首先,通过进料口向釜内加入物料。

其次，通过夹层，注入恒温的（高温或低温）热溶媒体或冷却媒体，对反应釜内的物料进行恒温加热或制冷。

第三，可根据使用要求，在常压或负压条件下进行搅拌。物料在反应釜内进行反应，并能控制反应溶液的蒸发与回流，反应完毕。

第四，物料可从釜底的出料口放出。

釜式反应器在高径比较大时，可用多层搅拌桨叶，操作极为方便。

四、釜式反应器的操作方式

（一）间歇操作

间歇操作是指每次操作之初向设备内投入一批物料，经过一番处理后，排除全部产物，再重新投料。用于间歇操作的釜式反应器也称间歇釜。

操作方式分为装料、升温、反应、降温、出料、清洗六个阶段。间歇操作的特点是操作灵活，易于适应不同操作条件和产品品种，适用于小批量、多品种、反应时间较长的产品生产。间歇釜的缺点是：需有装料和卸料等辅助操作，产品质量也不易稳定。但有些反应过程，如一些发酵反应和聚合反应，实现连续生产尚有困难，至今还采用间歇釜。

（二）连续操作

连续操作是指生产系统与外界有物料不断地交换，物料连续不断地流入系统，并以产品形式连续不断地离开系统，进入系统的原料量与从系统中取出的产品量相等，设备中各点物料性质将不随时间而变化，连续过程多为稳态操作。

用于连续操作的釜式反应器也称连续釜（或称连续釜）。连续操作的特点是连续进料、连续出料，可避免间歇釜的缺点，但搅拌作用会造成釜内流体的返混。在搅拌剧烈、液体黏度较低或平均停留时间较长的场合，釜内物料流型可视作全混流，反应釜相应地称作全混釜。在要求转化率高或有串联副反应的场合，釜式反应器中的返混现象是不利因素。此时可采用多釜串联反应器，以减小返混的不利影响，并可分釜控制反应条件。

（三）半连续操作

半连续操作是一种处于于连续操作和间歇操作中间的操作方式。在一定时间内，向装置送入一种物料，然后再以定比例向装置中连续地送入和引出另一种物料，在装置中进行传热、传质或化学反应操作。

知识点三、釜式反应器的开发与应用

搅拌釜式反应器是通过对物料在反应器内混合与流动状况的研究，利用研究所得的经验公式设计出来的,十分适合中小型化工企业生产的需要。普遍应用于石油化工、橡胶、农药、染料、医药等工业,用来完成磺化、硝化、氢化、烃化、聚合、缩合等工艺过程,以及有机染料和医药中间体的许多其他工艺过程的反应设备。图 4-2 为某农药生产企业反应车间釜式反应器实景图。

图 4-2 某农药生产企业反应车间釜式反应器实景图

研究表明,聚合反应过程约 90% 采用搅拌釜式反应器,如聚氯乙烯,在美国 70% 以上用悬浮法生产,采用 $10\sim150m^3$ 的搅拌反应器;德国氯乙烯悬浮聚合采用的是 $200m^3$ 的大型搅拌釜式反应器;中国生产聚氯乙烯,大多采用 $13.5m^3$、$33m^3$ 不锈钢或复合钢板的聚合釜式反应器,以及 $7m^3$、$14m^3$ 的搪瓷釜式反应器。

在精细化工的生产中,几乎所有的单元操作都可以在釜式反应器中进行。超过 50% 的化工过程是在搅拌反应器中进行的间歇操作,在中小型化工企业中这个比例还要更高,间隙操作装置如图 4-3 所示。间歇操作的特点是,生产过程比较简单,投资费用低;生产过程中变换操作工艺条件、开车、停车一般比较容易;生产灵活性比较大,产品的投产比较容易,适用于采用连续操作在技术上很难实现的反应。对小批量、多品种的医药、染料、胶黏剂等精细化学品的生产,其合成和复配过程较为广泛地采用这种操作方式。有些化工产品在试制阶段,由于对工艺参数和产品质量规律的认识及操作控制方法还不够成熟,也常常采用间歇操作法来寻找适宜的工艺条件。大规模的生产过程采用间歇操作的较少。

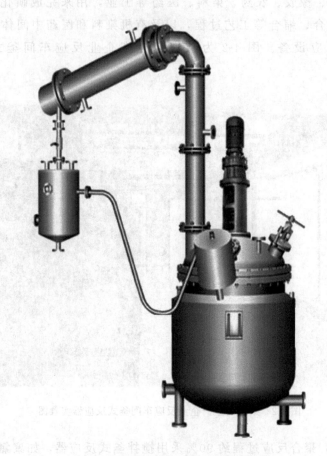

图 4-3　釜式反应器间隙操作装置示意图

釜式反应器的技术进展，大容积化，是增加产量、减少批量生产之间的质量误差、降低产品成本的有效途径和发展趋势。染料生产用反应釜国内多为 6000L 以下，其他行业有的达 $30m^3$；国外在染料行业有 20000～40000L，而其他行业可达 $120m^3$。

反应釜的搅拌器，已由单一搅拌器发展到用双搅拌器或外加泵强制循环。反应釜发展趋势除了装有搅拌器外，尚使釜体沿水平线旋转，从而提高反应速度。以生产自动化和连续化代替笨重的间歇手工操作，如采用程序控制，既可保证稳定生产，提高产品质量，增加收益，减轻体力劳动，又可消除对环境的污染。合理地利用热能，选择最佳的工艺操作条件，加强保温措施，提高传热效率，可以使热损失降至最低限度，余热或反应后产生的热能充分地综合利用。热管技术的应用，将是今后反应釜发展趋势。

【基本技能】

技能点一、搅拌釜式反应器的构造原理

釜式反应器的结构主要由釜体、搅拌装置、换热装置和轴封等部分组成。

一、釜体

釜式反应器的釜体是一个能为物料进行化学反应提供反应空间的密闭容器,结构包括:筒体、盖(或称封头)、底、人孔及各种工艺接管口等(见图4-4)。

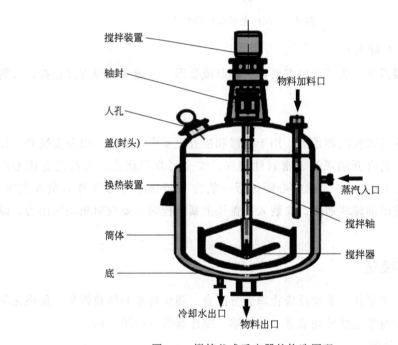

图 4-4 搅拌釜式反应器的构造原理

(一) 筒体

筒体一般由钢板卷焊而成,筒体的直径和高度由生产能力和反应情况决定。根据反应物料性质和反应条件不同,筒体的材料一般为碳钢、不锈钢、玻璃钢、搪瓷等。

(二) 盖 (上封头)

盖一般为椭圆形,有较多的开孔,用于安装各种接管、温度计、视镜、人孔或手孔等(见图4-5),为了拆卸方便,盖一般采用法兰连接。

图 4-5 搅拌釜式反应器的盖

（三）底（下封头）

底一般为椭圆形，为了卸料方便，有时制成锥形，一般采用焊方式连接，接管较少。

（四）人孔

人孔安装在釜式反应器顶上，用于检修和检查设备内部空间，以及安装和拆卸设备内部装置，具有开闭灵活、密封性能好、安全可靠等优点。人孔已有成型产品，直径通常为600mm。人孔中心距地板一般为750mm。便于工作人员在安装、清洗、维护时进出油罐或通风。安装人孔盖板上紧螺栓时，要成对角均匀用力，以防孔盖变形。

二、搅拌装置

搅拌装置的主要作用是使反应物料充分混合、强化传质和传热效果、促进化学反应。搅拌装置通常包括传动装置、搅拌轴、搅拌器等（见图4-6）。

（一）传动装置

传动装置通常设置在反应釜的顶盖上，采用立式布置。反应釜的传动装置包括电动机、减速器、支架、联轴器等，其作用是将电动机的转速通过减速器调整至工艺要求的搅拌转速，再通过联轴器带动搅拌轴旋转，从而带动搅拌器搅拌。

1. 电动机

电动机的作用是提供动力，反应釜的电动机与减速器大多配套使用，电动机型号根据电动机的功率和工作环境等因素确定。工作环境包括防爆、防护等级、腐蚀情况等。电动机的选用主要是确定系列、功率、转速、安装方式等。

项目四　釜式反应器的拆卸与安装

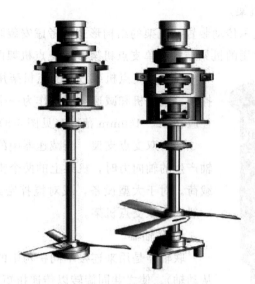

图 4-6　搅拌装置

2. 减速器

减速器的作用是传递运动和改变转动速度，以满足工艺要求。减速器是工业生产中应用很广的典型装置（见图 4-7），已制订了相应的标准系列，并由有关厂家定点生产。需要时，直接外购即可。

图 4-7　减速器

反应釜用减速器常用的有摆线针轮行星减速器、齿轮减速器、V 带减速器、圆柱蜗杆减速器四种。

摆线针轮行星减速器、齿轮减速器、圆柱蜗杆减速器可用于有防爆要求的场合。

3. 支承结构（机架）

机架的作用是支承传动装置，机架的结构形式要考虑安装联轴器、轴封电动机和减速器的需要，常用的机架结构有单支点机架和双支点机架两种。

图4-8 单支点机架

（1）单支点机架 单支点机架用以支承减速器和搅拌轴，电动机和减速器可以作为一个支点，搅拌轴的轴径应在30～160mm范围（见图4-8）。

（2）双支点支架 当减速器中的轴承不能承受搅拌轴产生的轴向力时，机架上的两个支点承受全部的轴向载荷。对于大型设备，或对搅拌密封要求较高的场合，一般采用双支点机架。

4. 联轴器

联轴器是用来连接不同机构中的两根轴（主动轴和从动轴）、使之共同旋转以传递扭矩的机械零件。

（二）搅拌轴

搅拌轴是用来连接减速机和搅拌器而传递动力的构件。搅拌轴通常依靠减速器箱内的一对轴承支承，支承形式为悬臂梁。

搅拌轴一般采用圆截面实心轴或空心轴，结构各不相同。搅拌轴属于非标准件，需要自行设计，常用的材料为45钢。当介质具有腐蚀性或不允许铁离子污染时，可采用不锈钢或采取防腐措施。

（三）搅拌器

搅拌器又称搅拌桨或搅拌叶轮，是使液体、气体介质强迫对流并均匀混合的器件（见图4-9）。

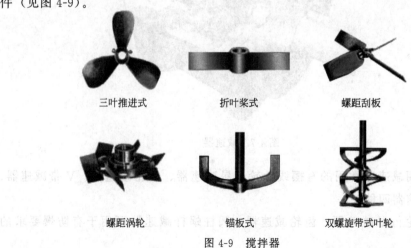

图4-9 搅拌器

搅拌器的类型很多，常见的搅拌器有桨式搅拌器、推进式搅拌器、涡轮式搅拌器、锚式和框式搅拌器、螺带（杆）式搅拌器、气体搅拌装置。

1. 桨式搅拌器

桨式搅拌器结构最简单，叶片用扁钢制成，焊接或用螺栓固定在轮毂上，叶片数是 2 片、3 片或 4 片，叶片形式可分为平直叶和折叶氏两种，即根据叶片的形状特点不同可分为平桨式搅拌器和斜桨式搅拌器（见图 4-10）。

图 4-10　斜桨式搅拌器

桨式搅拌器的直径一般为筒体直径的 0.35～0.8 倍，转速较低，当液层较高时，常采用多层桨叶，相邻两层桨叶交错 90°安装。

2. 推进式搅拌器

推进式搅拌器（也称为旋桨式搅拌器）的结构如同船舶的推进器，通常是三个叶片（见图 4-11），推进式搅拌器的直径要比罐体的内径小得多，其直径与罐体内径之比一般为 0.25～0.5，多取 1/3。

图 4-11　推进式搅拌器

这种搅拌器主要形成轴向液流，它所造成的液体剪切作用较小，上下翻腾效果好。适用于搅拌低黏度（<2Pa·s）液体、乳浊液及固体微粒含量低于 10%的悬浮液。

3. 涡轮式搅拌器

涡轮式搅拌器是在水平圆盘上安装多片桨叶的搅拌器，桨叶形式分为平直叶、弯叶和折叶三种，叶片数多为 6 叶（见图 4-12）。

涡轮式搅拌器直径桨叶的外径、宽度与高度的比例，一般为 20∶5∶4，叶片一般焊接在圆盘或轴套上，也可以整体铸造。

4. 锚式和框式搅拌器

锚式搅拌器由垂直桨叶和与底封头形状相同的水平桨叶组成（见图 4-13）。若

图 4-12　涡轮式搅拌器

在锚式搅拌器的桨叶上加固横梁即成为框式搅拌器。锚式和框式搅拌器的桨叶外缘形状与搅拌槽内壁要一致,其间仅有很小间歇,可清除附在槽壁上的黏性反应产物或堆积于槽底的固体物,保持较好的传热效果。

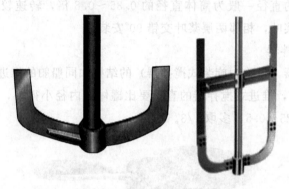

图 4-13　锚式和框式搅拌器

三、换热装置

搅拌反应釜常用的传热装置是夹套,当夹套传热不能满足要求时,有时同时在釜体内部设置蛇管。

(一) 夹套

夹套是反应釜最常用的传热装置,整体夹套由圆柱形壳体和下封头组成(见图 4-14)。夹套上设有蒸汽、冷却水或其他加热、冷却介质的进出口。当加热介质是蒸汽时,进口管靠近夹套上端,冷凝液从底部排出;当加热(冷却)介质是液体时,则进口管应设在底部,使液体下进上出,有利于排除气体和充满液体。

(二) 蛇管

当夹套传热不能满足要求或不宜采用夹套传热时,可采用蛇管传热(见图 4-14)。蛇管一般由无缝钢管绕制而成,常用的结构形状有圆形螺旋状、平面环形、弹簧同

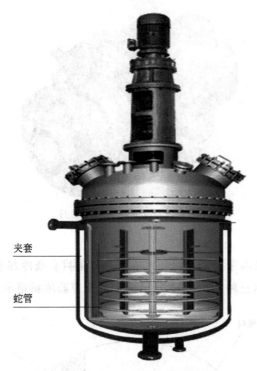

图 4-14　釜式反应器换热装置示意图

心圆组并联形式等。

蛇管在筒体内需要固定。当蛇管中心直径较小、圈数较少时，蛇管利用进出口管固定在釜盖或釜底上；若中心直径较大、圈数较多、重量较大时，则设立固定的支架支承。蛇管的进出口最好设在同一端，一般设在上封头，结构简单，装拆方便。

四、轴封

轴封是一种防止泵轴与壳体处泄漏而设置的密封装置，属于摩擦密封或填料函（见图 4-15）。常用的轴封形式有填料密封、机械密封和动力密封。

搅拌反应釜的搅拌轴作旋转运动，而顶盖是固定不动的，这种运动件和静止件之间的密封称为动密封。动密封结构简单，密封可靠，维修装拆方便，使用寿命长。

搅拌反应釜的密封有填料密封和机械密封两种。

（一）填料密封

填料密封是搅拌反应釜最早采用的转轴密封形式，由填料、填料箱体、衬套、压盖、压紧螺栓、油杯等组成。

图 4-15 釜式反应器的轴封

1. 填料箱

填料箱,其形式有带衬套及冷却水夹套和不带衬套及冷却水夹套两种。材质有铸铁、碳钢、不锈钢三种。图 4-16 所示为釜式反应器填料箱示意图。

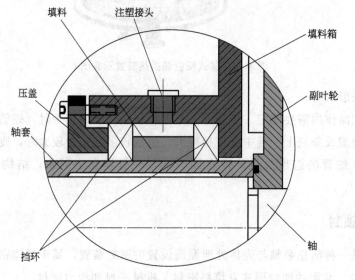

图 4-16 釜式反应器填料箱示意图

2. 填料

填料是形成密封的主要元件,其性能对密封效果起着关键性作用。

填料的选用要根据介质特性、工艺条件、搅拌轴的轴径及转速等条件决定。对于低压、无毒、非易燃易爆等介质,可选择石棉绳作填料;对于压力较高、有毒、易燃易爆的介质,可选择橡胶石棉填料或油浸石墨石棉填料;对于高温高压下的反应釜,密封填料可选用铅、紫铜、铝、蒙乃尔合金、不锈钢等金属材料作填料。

3. 衬套

衬套的作用如同轴承，衬套与箱体通过螺钉周向固定，衬套上开有油槽和油孔，油杯中的油通过油孔润滑填料。衬套的材质有金属和非金属两种。金属材质的有球墨铸铁、铜或其他合金材料；非金属材质的有聚四氟乙烯、石墨等。

4. 压盖

压盖的作用是盖住填料，压紧螺母拧紧的同时压紧填料，从而达到密封的目的。压盖的内径比轴径稍大，外径比填料室内径稍小，使轴向活动自如，便于压紧和更换填料。

填料密封结构简单，易于制造，易磨损，适用于非腐蚀性和弱腐蚀性介质，密封要求不高，定期维护的低压、低速搅拌设备。

（二）机械密封

用垂直于轴的平面来密封转轴的装置称为机械密封装置，又叫端面密封装置。机械密封装置主要由动环、静环、弹簧加荷装置和辅助密封圈四部分组成。

1. 动环和静环

动环和静环是机械密封中最重要的元件。动环内有密封圈，保证动环与轴的密封，通过弹簧施加的压力动环压紧于静环上，使其紧密贴合，形成一个回转密封面（见图4-17）。工作时，动环和静环产生相对运动的滑动摩擦，因此，动静环要选择耐磨性、减摩性和导热性能好的材料。一般情况下，动环材料的硬度比静环高。

图4-17　动环和静环

动环、动环密封圈、弹簧及弹簧座随轴一起转动，静环静止不动，机械密封有四个密封点保证密封。动环内有密封圈，保证动环与轴的密封，这是一个静密封点；通过弹簧施加的压力，动环压紧于静环上，使其紧密贴合，形成一个回转密封面，这是一个动密封点，又叫端面密封；静环外有一个密封圈，保证静环与静环座的密封，这是一个静密封点；静环座与设备连接处应保证密封，这是一个静密封点。

机械密封具有功耗小、泄漏率低、密封性能可靠、使用寿命长等特点。

2. 弹簧加荷装置

弹簧加荷装置由弹簧、弹簧座、弹簧压板等组成（见图4-18）。弹簧通过压缩变形产生的弹力压紧动环与静环，使动环与静环在不同情况下都能保持紧密接触。

图4-18 弹簧加荷装置

弹簧还是一个缓冲元件，补偿一些外界的影响。弹簧分为大弹簧和小弹簧。

大弹簧又称单弹簧，即在密封装置中只有一个与轴同心安装的弹簧。大弹簧结构简单，安装简便，但压力分布不均匀，难以调整，适用于轴径较小的场合。小弹簧又称多弹簧，即在密封装置中装有多个沿圆周均匀分布的小弹簧。小弹簧压力分布均匀，缓冲性能好，适用于轴径较大、密封要求较高的场合。

技能点二、釜式反应器的拆装基本要求

一、釜类设备安装与维护规范简介

（一）釜类设备安装规范

釜式反应器，国家没有专门的安装施工标准，也没有专门的行业标准，釜式反应器的安装施工，参考的标准有：《中低压化工设备施工与验收规范》（HGJ 209—83）,《化工设备安装工程质量检验评定标》（HG 20236—1993）,《大型设备吊装工程施工工艺标准》（SH/T 3515—2003）,《石油化工静设备安装工程施工技术规程》（SH/T 3542—2007）,《石油化工设备安装工程质量检验评定标准》（SH/T 3514—2001）。

（二）釜类设备维护规范

釜类设备维护规范主要有：《石油化工换热器设备施工及验收规范》SH

3532—95，《反应釜维护检修规程》，《搪瓷反应釜维护检修规程》（SHS 03016—1992），《带搅拌反应器（釜）维护检修规程》（SHS 03020—1992）等。

二、釜类设备安装及维护注意事项

（一）搅拌釜式反应器的安装

① 釜内的搪瓷面或其他防腐层要妥善保护，安装的配件及工具（如铁锤、扳手等）不能与搪瓷面相碰。进入釜内清洗时，必须用石棉或橡胶等弹性软垫，清洗工必须穿着软鞋，釜内须放梯子时，必须是木梯或竹梯，用软材料包裹梯脚，严禁用金属工具敲打瓷面，并防止跌入釜内。

② 安装底脚，必须平稳牢固，防止受震。

③ 凡与瓷面相接触的部位，配件应将规定尺寸的垫圈放妥，然后进行安装。紧螺栓时应对称均匀，逐步拧紧，以使四周受力均匀，防止裂瓷，待通蒸汽加热后，垫料受热变软，再将螺栓进一步拧紧，防止泄漏。

④ 安装搅拌器时，应先检查减速器是否正转，再接搅拌器，不能使搅拌器反转，以防搅拌器松脱，击坏瓷面。

⑤ 安装完毕后，应详细检查各部位，如进出口是否畅通，垫圈是否平衡，以及减速器是否漏油等，以确保运转安全，防止损坏瓷面。

⑥ 在釜附近进行管道或其他部件切割或焊接时，应在釜上加盖罩，防止火花下溅损坏瓷面。电焊接地线不能接在反应器上。

⑦ 蒸汽加热时，蒸汽阀应缓缓开启，防止突然冲击，且操作压力及温度的升降应缓慢进行，防止骤冷骤热，以免产生裂瓷。

⑧ 反应器应经常注意保持清洁，视镜应擦干净，电动机变速器应定期上油。间歇式生产胶黏剂时，每次生产完后应将釜用清水或其他溶剂进行彻底清洗。

⑨ 釜的投料量一般为有效容积的 80% 左右，以确保安全生产。

（二）搅拌釜式反应器的维护

1. 反应釜完好标准

① 运行正常，效能良好。

② 设备生产能力能达到设计规定的 90% 以上。

③ 带压釜需取得压力容器使用许可证。

④ 机械传动无杂音，搅拌器与设备内加热蛇管，压料管内部件应无碰撞并按规定留有间隙。

⑤ 设备运转正常，无异常振动。

⑥ 减速机温度正常，轴承温度应符合规定。

⑦ 润滑良好，油质符合规定，油位正常。

⑧ 主轴密封及减速机、管线、管件、阀门、人（手）孔、法兰等无泄漏。

2．内部机件无损坏，质量符合要求

① 釜体，轴封、搅拌器、内外蛇管等主要机件材质选用符合图纸要求。

② 釜体，轴封、搅拌器、内外蛇管等主要机件安装配合，磨损、腐蚀极限应符合检修规程规定。

③ 釜内衬里不渗漏，不鼓包，内蛇管装置紧固可靠。

3．主体整洁，零附件齐全好用

① 主体及附件整洁，基础坚固，保温油漆完整美观。

② 减压阀、安全阀，疏水器、控制阀、自控仪表、通风、防爆、安全防护等设施齐全灵敏好用，并应定期检查校验。

③ 管件、管线、阀门、支架等安装合理，横平竖直，涂色明显。

④ 所有螺栓均应满扣、齐整、紧固。

所有反应釜每三个月保养一次，保养时检查阀门和管道有无泄漏、搅拌轴转动是否平稳、轴承有无异常响声、减速机机油有没有变黑或低于水平线。釜体上和管道上压力表每半年检定一次，安全阀及釜体一年一次。填写《反应釜保养检查记录表》。

【思考与练习】

1．性能良好的反应设备应满足哪些要求？
2．反应设备有哪几种分类方式？
3．简述反应釜传热装置的作用、常用的结构以及首选的类型。
4．按搅拌装置的安装方式对反应釜进行分类，其中最常用的是哪种类型？
5．常用搅拌器有哪几种结构形式？各有何特点？各适应什么场合？
6．常用的轴封形式是什么？
7．简述当前化工生产所用反应釜的总体特点及发展趋势。
8．反应釜的日常维护要点有哪些？
9．对反应釜检修前应做好哪些准备？
10．搅拌反应器有哪些主要部分？各部分的作用是什么？

项目五
化工管路的安装与维护

【核心概念】

化工管路是化工生产中各种管路的总称，一般由管子、管件、阀门、管架等组成。在某些情况下，管路本身也同化工设备一样完成些化工过程（如吸收、冷却），即所谓"化工生产管道化"，化工管路同一切化工机械设备一样是化工生产中不可缺少的组成部分。

化工管路的拆卸与安装是指采用现场方式，以小组为单位，讨论制定施工方案，根据最终确定的施工方案，对化工管路进行拆卸，经过验收，再进行组装，恢复原样。

【学习目标】

知识与能力　1. 了解化工管路的构造特点及主要附件。
　　　　　　2. 会对化工管路进行拆卸与安装。
过程与方法　1. 通过小组合作，设计指定化工管路的拆卸与安装方案。
　　　　　　2. 通过对化工管路拆卸与安装，学习并掌握课程知识。
情感与态度　培养爱岗敬业的职业素养，发扬精益求精的工匠精神。

【项目说明】

一、项目概况

（一）项目名称

化工管路的拆卸与安装

（二）项目内容

化工管路中管子、管件的拆卸与安装；阀门的拆卸与安装；泵的拆卸与安装。

二、项目实施计划

（一）项目实施计划时间安排

完成项目的总时间为 10 课时，其中方案制定 4 课时，方案确定 1 课时，方案实施 4 课时，任务评价 1 课时。

（二）实施项目保证措施

项目实施地点：化工实训室，学校提供所需设备及必要的工具。

任务　化工管路的拆卸与安装

【任务导入】

一、任务名称

化工管路的拆卸与安装

二、达成目标

能正确拆卸与安装化工管路。

三、任务内容

（一）化工管路的拆卸

①化工管路中管子、管件的拆卸；②化工管路中阀门的拆卸；③化工管路中泵的拆卸。

（二）化工管路的安装

①化工管路中泵的安装；②化工管路中管子、管件的安装；③化工管路中阀门的安装。

四、任务实施

（一）设计施工方案

1. 编制依据，主要包括涉及的国家标准、行业标准等。

2. 工程概况，主要指在施工程项目的基本情况。

3. 技术方案，主要指施工步骤或流程，画出施工图。

4. 施工安全及注意事项。

（二）施工准备

1. 材料准备。制定设备物料需求方案，填写物料领用表单，办理物料领用手续。

2. 工具准备。制定工具需求方案，填写工具领用表，办理工具领用手续。

（三）实施操作

以小组为单位，分工明确合理，相互配合，合作完成施工任务。

（四）结束工作

1. 按5S管理要求进行：即整理、整顿、清扫、清洁、素养。
2. 按照借据核对设备工具数量，并办理材料和工具归还手续。
3. 填写实训报告。

五、完成工作任务的条件

（一）知识准备

学习化工管路的基础知识，了解化工管路的定义及分类，掌握管子、管件的基本知识，掌握管法兰与盲板基本知识，掌握阀门基本知识，了解工业管道标识规范及颜色知识，理解化工管路的工作特点。

（二）技能准备

学习化工管路的基本技能，理解化工管路的连接知识，能够拆装管理中的管子、管件、阀门、管架、仪表和泵。了解化工管路的热补偿和化工管路安装与维护规范。

1. 教学流程图

2. 流程说明

（1）资讯　课前通过学习平台上传学案，学生根据学案及教材学习了解化工管路的相关基础知识、基本技能，在此基础上，通过互联网收化工管路相关资料（包括文档资料、图片资料、视频资料），并归纳整理。

（2）计划　学习小组根据学案组织交流、讨论，厘清相关概念，设计化工管路的拆卸与安装施工方案，编写设计说明书，作为小组成果提交班级讨论。

（3）决策　教师挑选2~3个有代表性的施工方案，组织全班学生论证，教师点评，通过学生表决方式确定最佳设计方案。

（4）实施　学习小组根据最佳设计方案对小组的设计方案进行调整，按调整好的方案进行现场施工。

（5）检查　教师巡视，现场指点。

（6）评价　拆卸完成后进行阶段评价，组织小组长进行互评。安装结束后，进行总结评价，按5S要求，组织学生自评、互评，并量化打分，教师根据实际情况量化打分。

【基础知识】

知识点一、化工管路的定义及分类

一、化工管路的定义

化工管路是管子、各种管件、阀门及管架的总称。一般情况下，化工管路起于泵（压缩机），终于设备，通过管件、阀门等将管子连接，根据需要安装有流量计、压力表、温度表等，另外还要进行防腐、保温、保冷等。在化工生产中，必须通过管路来输送和控制流体介质。除此之外，在某些情况下，管路本身也同化工设备一样完成些化工过程（如吸收、冷却），即所谓"化工生产管道化"。所以，化工管道同一切化工机械设备一样是化工生产中不可缺少的组成部分。

二、化工管路的分类

根据管路输送的介质的种类、性质、压力、温度以及管路的材质不同，管路可按下列分类。

1. 按管路的材质分类

化工管路有铸铁、碳素钢、合金钢（不锈钢几各种合金钢）及非金属（如塑料、橡胶和水泥）材质的管路。

2. 按被输送介质的压力分类

（1）真空管路　管路内的绝对压力小于一个大气压。

（2）常压管路　工作压力小于0.1MPa（表压）。

（3）低压管路　工作压力为0.11~1.6MPa（表压）。

（4）中压管路　工作压力为1.6~10MPa（表压）。

（5）高压管路　工作压力为10~100MPa（表压）。

（6）超高压管路　工作压力大于100MPa（表压）。

3. 按输送介质性质的不同分类

化工管路有输送水、蒸汽、空气、油类等介质的管路和输送碱、酸、盐等腐蚀性介质的管路。

4. 按管内介质分类

（1）汽水介质管道　介质种类为过热水蒸气、饱和水蒸气和冷热水。

（2）腐蚀性介质管道　介质种类为硝酸、硫酸、盐酸、磷酸、苛性碱、氯化物、硫化物等。

(3) 化学危险品介质管道 介质种类为毒性介质（氯、氰化物、氨、沥青、煤焦油等）、可燃与易燃易爆介质（油品油气、水煤气、氨气、乙炔、乙烯等），以及窒息性、刺激性、腐蚀性、易挥发性介质。

(4) 易凝固、易沉淀介质管道 介质种类为重油、沥青、苯、尿素溶液。

(5) 含有粒状物料介质的管道 介质种类为一些粒状物料的水固混合物或气固混合物介质。

知识点二、管子基本知识

管子是管路的主体部分，管子通常按材质分成金属管和非金属管两大类。

一、金属管

（一）钢管

钢管是指由普通碳素钢、优质碳素钢、低合金钢和不锈钢等材料制造的管子。按制造方式可分为有缝钢管和无缝钢管。

1. 有缝钢管

有缝钢管又称为焊接钢管（见图5-1），分为水、煤气钢管，直焊缝钢管和螺旋缝焊管三种类型。

图5-1 有缝钢管

（1）水、煤气钢管 水、煤气钢管一般用普通碳素钢制成，表面镀锌的水、煤气钢管称为镀锌管或白铁管，不镀锌的称为黑铁管。

（2）直焊缝钢管 直焊缝钢管一般用低碳薄钢板卷成管形后电焊而成，主要用于压力不大和温度不高的流体管路。

（3）螺旋焊缝钢管 螺旋焊缝钢管一般也用低碳薄钢板卷成管形后电焊而成，主要用于煤气、天然气、冷凝水管路。

2. 无缝钢管

无缝钢管是一种具有中空截面、周边没有接缝的长条钢材（见图5-2）。无缝钢管品种和规格很多，按轧制方法不同，分为热轧管和冷拔管；按用途不同，又可分为普通无缝钢管、化肥用高压无缝钢管、石油裂化用无缝钢管、锅炉用高压无缝钢管、耐酸无缝钢管等。

图5-2 无缝钢管

（二）铸铁管

铸铁管，用铸铁浇铸成型的管子（见图5-3）。按接口形式不同分为柔性接口、法兰接口、自锚式接口、刚性接口等。其中，柔性铸铁管用橡胶圈密封；法兰接口铸铁管用法兰固定，内垫橡胶法兰垫片密封；刚性接口一般铸铁管承口较大，直管插入后，用水泥密封，此工艺现已基本淘汰。

图5-3 铸铁管

（三）有色金属管

有色金属管主要用铜、铝、铅、钛和它们的合金制成，一般是冷拔的无缝管。常用的有铜管（见图5-4）。铜管导热性好，适用于制造换热器的管子，又因其展性好,易弯曲成型,故油压系统、润滑系统常以铜管传送有压的液体。铜管还适用于低温管路。

图 5-4　铜管

二、非金属管

非金属管是指由非金属元素或化合物构成的材料制成的管子。常见的有陶瓷管、塑料管、复合材料管等。

(一) 陶瓷管

陶瓷管耐腐蚀性强,除氢氟酸和高温碱、磷酸外,几乎对所有的酸类、氯化物、有机溶剂均具有抗腐蚀作用(见图 5-5)。一般用于输送小于 150℃、压强为常压或一定真空度的强腐蚀性介质。陶瓷管性脆,机械强度低,不耐压及不耐温度剧变。

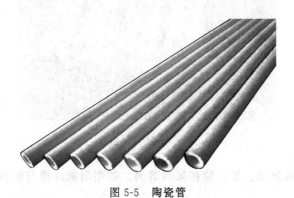

图 5-5　陶瓷管

(二) 塑料管

塑料管的材料有酚醛塑料、硬聚氯乙烯(PVC)塑料管、聚甲基丙烯酸甲酯、增强塑料（玻璃钢）、聚乙烯及聚四氟乙烯等。塑料管的特点是抗腐蚀性、质轻、加工容易，其热塑性塑料壳任意弯曲或延伸以制成各种形状。常用的塑料管为硬聚氯乙烯（PVC）塑料管，如图 5-6 所示，易于加工成型，腐蚀性能好，一般用于温度不高和压力不大的管路。

图 5-6　塑料管

（三）复合材料管

复合材料管是指金属与非金属两种材料复合得到的管子（见图 5-7）。

图 5-7　复合材料管

复合材料管耐强酸、盐、酯和某些溶剂。如用耐碱纤维与塑料复合，还能在强碱介质中使用。

复合材料管最常见的形式是衬里管，它是为了满足降低成本、增加强度和防腐的需要，在一些管子的内层衬以适当的材料。

知识点三、管件基本知识

管件，通常称为管路附件，简称管件。用于改变管路方向、接出支管、改变管径等，以满足生产工艺和安装检修的需要。

一、弯头

弯头的主要作用是改变管路的走向。按角度分，有45°、90°、180°三种最常用的，另外根据工程需要还包括60°、360°等其他非正常角度弯头（见图5-8）。

图 5-8 弯头

弯头的材料有铸铁、不锈钢、合金钢、可锻铸铁、碳钢、有色金属及塑料等。按照生产工艺可分为：焊接弯头、冲压弯头、推制弯头、铸造弯头、对焊弯头等。其他名称：90°弯头、直角弯等。

二、三通（四通）

三通（四通）又称三通（四通）接头等（见图5-9），主要用于改变流体方向，用在主管道要分支管处。三通是具有三个口子，即一个进口、两个出口，或两个进口、一个出口的一种化工管件，有T形与Y形；四通具有四个口子，即一个进口、三个出口，或两个进口、两个出口，或三个进口、一个出口的一种化工管件，主要有十字形。

图 5-9 三通（四通）

三通（四通）一般用碳钢、铸钢、合金钢、不锈钢、铜、铝合金、塑料、PVC等材质制作。按管径尺寸可以分成等径三通（四通）和异径三通（四通）；按工艺可以分成液压胀形、热压成形；以制作方法划分顶制、压制、锻制、铸造等。

三、短管和异径管

短管一般指当水流的流速水头和局部水头损失都不能忽略不计的管道，短管的主要作用是管路的延续。

异径管又称大小头，用于两种不同管径的连接，异径管的主要作用是改变管路的直径。异径管又分为同心大小头和偏心大小头（见图 5-10）。

短管和异径管的材质包括不锈钢异径管、合金钢、碳钢等。

知识点四、管法兰与盲板基本知识

凡是在两个平面周边使用螺栓连接同时封闭的连接零件，一般都称为"法兰"

项目五 化工管路的安装与维护

图 5-10　短管和异径管

（见图 5-11）。管法兰又叫法兰凸缘盘或突缘，是管子与管子之间相互连接的零件，用于管端之间的连接；有时可以直接用于设备连接，这时称为容器法兰。管法兰分螺纹连接（丝扣连接）法兰、焊接法兰和卡夹法兰。在管路法兰盖以便于管路的检修和清理。

图 5-11　管法兰与盲板

法兰都是成对使用的，低压管道可以使用丝接法兰，4kgf（1kgf=9.80665N）以上压力的使用焊接法兰。两片法兰盘之间加上密封垫，然后用螺栓紧固。不同压力的法兰厚度不同，它们使用的螺栓也不同。

盲板是指在化工管路检修中，插入两法兰之间，以切断管路中介流通的挡板（见图5-11）。

知识点五、阀门基本知识

阀门是指化工管路上用来控制管道内流体流动的装置。阀门在管路中的作用是调节流量，切断或切换管路以及对管路起安全、控制作用。

一、截止阀

截止阀又称截门阀，属于强制密封式阀门，它是利用圆形阀盘在阀杆的升降时，改变其阀座间的距离，以开关管路和调节流量，类型代号为J。

（一）截止阀的结构及特点

1. 截止阀的组成

截止阀的主要组成部分有阀体、阀盘、阀座、阀杆、密封装置、手轮阀盖等。最常用的截止阀阀体材料是铸铁，压力较高时，可用铸钢，如图5-12所示。

图5-12 截止阀

2. 截止阀的特点

密封性能好，操作可靠，易于调节流量或截断通道，可根据阀杆高度判断阀门开度，流体阻力较大，启闭缓慢。安装时注意流体流向，即"低进高出"。

（二）截止阀的启闭

截止阀的启闭件是塞形的阀瓣，密封上面呈平面或海锥面，阀瓣沿阀座的中心线作直线运动。根据阀杆的运动形式,也有升降旋转杆式的。

(三)截止阀的连接方式

按连接方式分为三种:法兰连接、丝扣连接、焊接连接。

(四)截止阀的应用场合

在管路中的主要作用是截断和接通流体,广泛应用于多种物料的管路,适用于输送蒸汽、水、溶剂等较清洁流体的管路,不能用于黏度大、含悬浮和结晶颗粒的介质管路,不宜长期用于调节流量。可用于控制空气、水、蒸汽、各种腐蚀性介质、泥浆、油品、液态金属和放射性介质等各种类型流体的流动。

二、闸阀

闸阀有时也叫闸板阀,它是利用阀体内阀门的升降以开关管路的。

(一)闸阀的结构及特点

1. 闸阀的组成

闸阀的主要组成部分有阀体、阀座、闸板、阀盖、阀杆、密封装置、手轮等(见图5-13)。

闸阀常用黄铜、铸铁、铸钢或不锈钢制造。

闸阀形体较大,造价较高,但是当全开时,流体阻力小,常用作大型管路的开关阀,不适合用于控制流量大小和有悬浮物的液体管路上。

2. 闸阀的特点

尺寸较大,流体阻力小,开启缓慢,可以判断阀门开度,易于调节流量,维修困难。

(二)闸阀的启闭

通过改变闸板与阀座之间的位置,调节拐断通道。转动手轮,阀杆带动闸板上下移动,改变阀座之间的位置。

图 5-13 闸阀

(三)闸阀的连接方式

按连接方式分为三种:法兰连接、丝扣连接、焊接连接。

(四)闸阀的应用场合

闸阀主要用于大直径的上水管道。

三、球阀

球阀又称球心阀,它是利用一个中间开孔的球体作阀芯,依靠球体的旋转来控制阀门的开关。

（一）球阀的结构及特点

1. 球阀的组成

球阀的主要组成部分有阀体、阀盖、密封阀座、球体、阀杆、手柄等，如图5-14 所示。

图 5-14　球阀

2. 球阀的特点

结构简单，球体制造精度要求高，流体阻力小，启闭迅速，密封性能好。

（二）球阀的启闭

转动手柄，带孔球体随阀杆转动，从而改变球体与阀座之间的流通面积，以实现阀门的启闭。

（三）球阀的连接方式

球阀是种类最多的一种阀门，阀门应用在项目当中时，通过连接在管道上实现对管道的控制。常见的连接方式有，法兰、焊接、螺纹、卡套、承插焊、焊接、卡套、卡箍、对夹等。

（四）球阀的应用场合

① 球阀适用于操作力矩小、流体阻力小的管路系统。
② 球阀适用于轻型结构、低压截止（压差小）、腐蚀性介质的管路系统。
③ 球阀适用于低温（深冷）装置和管路系统。
④ 球阀适用于石油、石油化工、化工，工作温度在200℃以上的管路系统。

四、安全阀

安全阀是化工设备及管路中能够自动卸压的阀门，类型代号为 A（见图5-15）。

安全阀是一种截断装置，当超过规定的工作压强时，便自动开启，而当恢复到原来压强时，则又自动关闭。

图 5-15 安全阀

(一) 安全阀的结构

安全阀由阀体、阀座、阀瓣、阀盖、弹簧、阀杆、保护罩等组成。安全阀是化工厂为了防止设备或管路压力过高而自动卸压的一种装置,它必须通过有关质检。

(二) 安全阀的启闭

当设备内压力超过允许值时,安全阀自动开启,升高;当压力降到规定值时,安全阀自动关闭。

(三) 安全阀的连接方式

按连接方式分为三种:法兰连接、丝扣连接、焊接连接。

(四) 安全阀的应用场合

安全阀主要应用在受压设备和受压管路上。其用于预防蒸汽锅炉、容器和管路内压强升高到规定的压强范围以外。

(五) 安全阀的日常维护

为了保证安全阀的正常工作,应定期将安全阀的阀盘稍稍抬起,防止阀盘胶结在阀座上,并用介质来吹涤安全阀,对于热的介质,每天至少吹涤一次。

五、其他阀门

(一) 节流阀

节流阀属于截止阀的一种,其结构和截止阀相似(见图 5-16)。所不同的是,阀座口径小，同时用一个圆锥或流体线的阀头代替圆形阀座，可以很好地控制、调节流体的流量，或进行节流调压等。

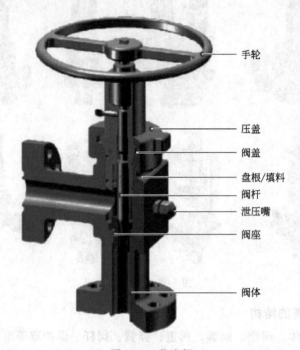

图 5-16　节流阀

该阀制作精度要求较高，密封性能好。主要用于仪表、控制以及取样等管路中，不宜用于黏度大和含固体颗粒介质的管路中。

（二）旋塞

旋塞也叫考克，它利用阀体内插入一个中央穿孔的锥形旋塞来启闭管路或调解流量，旋塞的开关常用于手柄而不用手轮（见图5-17）。其优点为结构开关迅速，

图 5-17　旋塞

流体阻力小，可用于有悬浮物的液体，但不适用于调节流量，亦不宜用于压强较高、温度较高的管路和蒸汽管路中。

（三）隔膜阀

常见的有胶膜阀，这种阀门的启闭密封是一块特制的橡胶膜片，膜片夹置在阀体与阀盖之间（见图 5-18）。关闭时，阀杆下的圆盘把膜片压紧在阀体上达到密封。这种阀门结构简单，密封可靠，便于检修，流体阻力小，适用于输送酸性介质和带悬浮物质流体的管路中。一般不适用于温度高于 60℃ 及输送有机溶剂的高氧化性介质的管路中，也不宜在高压强的管路中使用。

图 5-18　隔膜阀

（四）止回阀

止回阀又称单向阀，其作用是只允许流体向一个方向流动，一旦流体倒流就自动关阀（见图 5-19）。止回阀按结构不同，分为升降式和旋启式两种。升降式止回

图 5-19　止回阀

阀的阀盘是垂直于阀体通道作升降运动的，一般安装在水平管路上，立式的升降式止回阀则应水平安装在垂直管路上。

（五）疏水阀

疏水阀又称冷水排除阀，俗称疏水器（见图5-20），用于蒸汽管路中，能自动间歇排除冷凝液，并能阻止蒸汽泄漏。疏水阀的种类很多，目前广泛使用的是热动力式疏水阀门。

图 5-20　疏水阀

知识点六、常见的工业管道标识规范及颜色

管道标识是指用以识别工业管道内的物质名称和状态的记号，根据《工业管道的基本识别色、识别符号和安全标识 GB 7231—2003》，管道标识的类型分为基本识别色、识别符号和安全标识。

管道标识的目的是便于工业管道内的物质识别，确保安全生产，避免在操作上、设备检修上发生误判断等情况。

一、基本识别色

（一）定义

基本识别色是指用以识别工业管道内物质种类的颜色。根据管道内物质的一般性能，基本识别色分为艳绿、大红、淡灰、中黄、紫、棕、黑、淡黄八类，见表5-1。

表 5-1　管道内物质的基本识别色

序号	物质种类	基本识别色	颜色标准编号
1	水	艳绿	G03
2	水蒸气	大红	R03
3	空气	淡灰	B03

续表

序号	物质种类	基本识别色	颜色标准编号
4	气体	中黄	Y07
5	酸或碱	紫	P02
6	可燃液体	棕	YR05
7	其他液体	黑	—
8	氧	淡黄	PB06

（二）基本识别色标识方法

工业管道基本识别色标识方法有五种方法可供选择。

① 管道全长上标识。

② 在管道上以宽为150mm的色环标识。

③ 在管道上以长方形的识别色标牌标识。

④ 在管道上以带箭头的长方形识别色标牌标识。

⑤ 在管道上以系挂的识别色标牌标识。

注：如果选择②～⑤方法时，两个标识之间的最小距离应为10m，标牌最小尺寸应以能清楚观察识别色来确定，标识的场所应该包括所有管道的起点、终点、交叉点、转弯处、阀门和穿墙孔两侧等的管道上和其他需要标识的部位。

二、识别符号

（一）定义

识别符号是指用以识别工业管道内的物质名称和状态的记号。共规定了7种颜色的标准编号，分别是艳绿G03、大红R03、淡灰B03、中黄Y07、紫P02、棕YR05、淡黄PB06。

（二）识别符号的相关规定

（1）物质名称的标识：物质全称和化学分子式。

（2）物质流向的标识：物质的流向用箭头表示，如果管道内物质的流向是双向的，则以双向箭头表示。

（3）物质的压力、温度、流速等主要工艺参数的标识，使用方可按需自行确定采用。

（4）（1）和（3）中的字母、数字、箭头的最小外形尺寸，应以能清楚观察识别符号来确定。

三、安全标识

(一) 危险标识

表示工业管道内的物质为危险化学品。凡属于 GB 13690 所列的危险化学品，其管道应设置危险标识。

1. 危险标识的表示方法

在管道上涂 150mm 宽黄色，在黄色两侧各涂 25mm 宽黑色的色环或色带，安全色范围应符合 GB 2893 的规定。

2. 危险标识表示场所

基本识别色的标识上或附近。

(二) 消防标识

在管道上标识"消防专用"识别符号，表示工业管道内的物质专用于灭火。

技能点一、化工管路的连接

一、定义

化工管路的连接是指用管道组成件（包括管子、管件、阀门以及管道上的小型设备）将工艺生产装置连接而成为输送流体或传递压力通道的一种方法。一套化工装置之所以能进行生产，是由于工艺过程所必需的机械设备用管道按流程加以连接的结果。

化工管路的连接是一门综合性的技术，既要求从事这项工作的工程技术人员具有工艺、设备、生产操作、检修和施工等方面的知识，也要求具备土建、机械、电工、仪表、系统工程等广泛的知识。

二、化工管路的布置原则

① 尽量采用明线敷设。

② 减少基建投资。

③ 保证生产操作安全。

④ 便于安装和检修。

⑤ 节约动力消耗。

⑥ 美观整齐。

三、化工管路的连接方法

管路的连接包括管子与管子的连接，管子与各种管件的连接，阀门与设备接口的连接。管路的连接方法有以下四种。

（一）焊接连接

焊接是管路连接的主要方式，最常用的方法是电弧焊（见图 5-21）。

图 5-21　焊接连接

常见的焊接接头有对接、搭接、角接和 T 字接四种基本形式，焊接连接属于不可拆连接。

焊接连接密封性能好，结构简单，连接强度高，适用于各种压力和温度的管路。

（二）法兰连接

法兰连接是管路中应用最多的可拆连接方式（见图 5-22），法兰连接的关键是密封，在两法兰间放置密封垫，密封垫的材质有非金属垫片、金属垫片面和各种组合式垫片可供选择。

图 5-22　法兰连接

法兰连接的优点是强度高，密封性能好，适用范围广，拆卸、安装方便。

（三）螺纹连接

螺纹连接是通过内外管螺纹拧紧而实现的。螺纹连接的管子两端都有外螺纹，通过有内螺纹的连接件、管件、阀门等连接，如图 5-23 所示。

图 5-23 螺纹连接

为了保证螺纹连接处的密封性能，在螺纹连接前，常在外螺纹上加上填料。常用的填料有加铅油的油麻丝或石棉绳等，也可用聚四氟乙烯带缠绕。

（四）承插连接

承插连接是将管子或管件一端的插口插入欲接件的承口内，并在环隙内用填充材料密封的连接方式（见图 5-24）。承插连接时，插口和承口接头处留有一定的轴向间隙，在间隙内填充密封填料（如油麻绳、石棉水泥）来增加密封性能。

图 5-24 承插连接

承插连接适用于压力不大、密封性能要求不高的场合，一般用于铸铁管、陶瓷管、塑料管等的连接。

技能点二、化工管路的热补偿

管道热补偿是指防止管道因温度升高引起热伸长产生的应力而遭到破坏所采取的措施。补偿器又称为伸缩器或伸缩节、膨胀节，如果温度变化时管道不能完全自由地膨胀或收缩，管道中将产生热应力。管道热补偿作为管道工程的一个重要组成部分，在保证管道长期正常运行方面发挥着重要的作用。化工厂中常用的补偿器有凸面式补偿器和回折管式补偿器。

一、凸面式补偿器

凸面式补偿器（又称波纹管补偿器和回折管式补偿器，也称为 II 形补偿器）（见图 5-25）。当管路伸、缩时，凸出部分发生变形而进行补偿。

图 5-25　凸面式补偿器

凸面式补偿器可以用钢、铜铝等韧性金属薄板制成。安装时，先将其一端连接于管路上，其另一端与待连接管路之间保持一定间隙，其值等于设计补偿量的一半，然后将补偿器拉长，连接于管路上。当水平安装时，每个补偿器的下端都应安装一个放水阀。

二、回折管式补偿器

回折管式补偿器是将直管弯成一定几何形状的曲管，利用刚性较小的曲管所产生的弹性变形来吸收连接在其两端的直管的伸缩变形（见图 5-26）。

图 5-26　回折管式补偿器

回折管式补偿器制造简单，补偿能力大，在化工厂中应用最广。

回折管可以是外表光滑的，也可以是有皱褶的。回折管和管路用法兰或焊接连接。

技能点三、化工管路安装与维护规范简介

一、化工管路安装规范

现行的化工管路系统安装规范《工业金属管道工程施工及验收规范》，编号 GB 50235—1997，批准部门：中华人民共和国建设部，实行日期：1988 年 5 月 1 日。

《工业金属管道工程施工及验收规范》分为总则，术语，管道组成及管道支承件的检验，管道加工，管道焊接，管道安装，管道检验、检查和试验，管道的吹扫与清洗，管道涂漆，管道绝热，工程交接验，共十一个部分。

《工业金属管道工程施工及验收规范》适用于设计压力不大于 42MPa，设计温度不超过材料允许的使用温度的工业金属管道工程的施工及验收。

二、化工管路维护规范

现行的化工管路系统维护检修规程《工业管道维护检修规程》编号 SHS 01005—2003，批准部门：中国石油化工集团公司和中国石油化工股份有限公司，实行日期：2003 年。

《工业管道维护检修规程》分为总则；检验、检修周期和内容；检修与质量标准；试验与验收；维护与故障处理；共五部分。规定了在用碳素钢、合金钢、不锈钢工业管道的检查周期与内容、检修与质量标准、试验与验收、维护与故障处理等。适用于工作压力为 400Pa（绝压）～100MPa（表压）、工作温度为 －196～ ＋850℃的石油化工工业管道。

1. 管路的主体部分是什么？化工厂应用最广的是什么？改变管路走向的管件是什么？

2. 什么是电焊钢管？什么是螺旋焊缝钢管。

3. 无缝钢管按轧制方法不同，分为哪几种类型？

4. 异径管可以改变流体流速吗？

5. 管法兰中插入盲板的目的是什么？

6. 管路中应用最多的可拆连接是什么连接？

参 考 文 献

[1] 何瑞珍. 化工设备维护与检修. 北京：化学工业出版社，2012.
[2] 杨育红. 化工设备与维护. 北京：化学工业出版社，2015.
[3] 聂延敏. 化工设备基础. 北京：高等教育出版社，2008.
[4] 杨兰，马秉骞. 化工设备. 北京：化学工业出版社，2009.
[5] 王树江，张龙. 化工实验设备设计制造与应用. 北京：化学工业出版社，2010.

参考文献

[1] 郭锡畴. 扭工农业机械学导论[M]. 北京: 化学工业出版社, 2012.
[2] 郭玉明. 生物材料力学[M]. 北京: 化学工业出版社, 2015.
[3] 寇晓聪. 生物质力学基础[M]. 北京: 高等教育出版社, 2008.
[4] 陈志. 农业物料学[M]. 北京: 化学工业出版社, 2005.
[5] 张丽丽, 李军. 现代农业机械设计原理[M]. 北京: 北京大学出版社, 2010.